室内设计系统论

System Theory of Interior Design

吴青泰 著

中国建筑工业出版社

图书在版编目(CIP)数据

室内设计系统论／吴青泰著. —北京：中国建筑
工业出版社，2013.10
ISBN 978-7-112-15711-2

Ⅰ.①室… Ⅱ.①吴… Ⅲ.①室内装饰设计 Ⅳ.
①TU238

中国版本图书馆CIP数据核字(2013)第189362号

责任编辑：郑淮兵　费海玲
书籍设计：方舟正佳
责任校对：王雪竹　赵　颖
封面题字：千岛银湾

中央高校基本科研业务费资助项目（项目编号：3142014041）

室内设计系统论

吴青泰　著

*

中国建筑工业出版社出版、发行（北京西郊百万庄）
各地新华书店、建筑书店经销
北京方舟正佳图文设计有限公司设计制作
北京画中画印刷有限公司印刷

*

开本：787×1092毫米　1/16　印张：9¾　字数：218　千字
2014年11月第一版　2014年11月第一次印刷
定价：45.00元
ISBN 978-7-112-15711-2
　　　(24513)

一沙一世界，一花一天堂。

无限掌中置，刹那成永恒。

——英国诗人　威廉·布莱克（1757—1827）

一花一世界，一树一菩提。一株花是一个系统，一棵树是一个系统，一个人是一个系统，一个星球是一个系统，一个室内设计是一个系统，一本《室内设计系统论》也是一个系统，像人一样，是身、心、灵和谐统一的整体。如果将《室内设计系统论》比拟成人的话，物学就是人的身体，人学就是人的心智，美学就是人的灵魂。本书首次全面提出"室内设计系统论"的科学理论体系，以系统论为指导，通过学科交叉与创新的方法，研究室内设计构思的全过程和客观存在。精炼出室内设计的三个核心要素——物学、人学、美学，提出以"物学为基础，人学为根本，美学为关键"作为室内设计系统的核心内容。提出以"物学、人学、美学有机统一，科学、文化、艺术和谐共生"作为室内设计行业的基本标准。

在室内设计的诸多论述中有大量关于单科领域的知识。但是微观与局部的研究方法很难让人把握室内设计的全貌或精髓，难以融入室内设计的殿堂，这些都是由于设计者缺乏系统思维与整体观念导致的必然结果。

室内设计系统论用一张模型图高度地概括了室内设计思维的全过程。

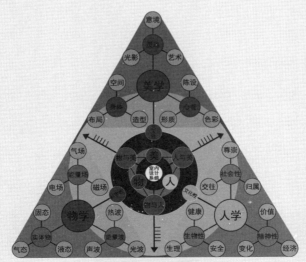

室内设计系统论的模型图

室内设计系统论首先研究了三个核心要素，即物学、人学、美学及其子系统的构成；其次，用系统论思想研究要素之间的相互关系；最后，研究系统与系统外部环境的关系。这样，在进行室内设计构思时，我们就可以在左脑的逻辑思维与右脑的形象思维之间自由转换，从而建立科学、系统的室内设计思维模式和客观、公正的评价标准。

我们对数百名室内设计专业的大学生进行了系列问卷的调查，结果发现学生需要的是能够增强自信、操作性强、有启发、实用的知识。

学生对"案例赏析"的教学方式非常感兴趣，对图文并茂、逻辑清晰、深入浅出的教学方法非常认可，学生普遍感到困惑的问题是好的设计到底是如何构思出来的。对初学者而言，了解和体会设计构思的过程真的非常重要。这种学习室内设计的方法不仅需要体验，更需要深入，甚至重复体会的过程，这样才能领悟设计的奥妙并掌握设计的真谛。把精深的理论放到具体案例中进行讲解，不仅可以激活课堂气氛，还能有效地利用时间，真正实现教学价值。

《室内设计系统论》将思想方法和理论体系导入到艺术设计教学课程之中，可以帮助学生培养设计构思的全局意识和对整体的驾驭能力，找到设计的切入点，这必将帮助初学者建立科学、系统化的设计思维模式，明确学习目标、抓住设计重点、快速提升自信心。

《室内设计系统论》可以帮助从事室内设计研究工作的相关人员提高理论修养，避免在设计中发生顾此失彼的现象，快速增强系统化的总体设计能力。

《室内设计系统论》不仅带给人不同的思维视角，还能有效避免出现设计盲点，是室内设计人员进行创作与构思的参考书和必备的工具书。

吴青泰

写于云泰峰青书斋

2012 年 12 月 12 日

目录

第 1 章

室内设计系统论的基本原理

SHINEI SHEJI XITONGLUN DE JIBEN YUANLI

《室内设计系统论》在科学的认识论与方法论的指导下，对室内设计的思维过程进行深入研究、反复实践与创新；构建出系统的室内设计方法论；让物学、人学、美学共生，让科学、文化、艺术共融，让人类生存的室内环境向着更高的层次跃迁。

——吴青泰

1.1 室内设计系统论的研究背景

缘起:

为什么我们的生活需要室内设计?

为什么我们对室内环境的品质需要越来越高?

为什么我们必须用"系统论"思想研究室内设计?

为什么我们同样的经济投入而最终室内设计的效果却千差万别?

为什么我们对同样的室内设计会褒贬不一?难道真是"仁者见仁,智者见智"?

"为什么" ——让我们不断思考:

到底什么样的室内设计才能改变我们的生活?

到底什么样的室内设计才能展现设计的本质?

到底什么样的室内设计才是真正完美的演绎和创造?

到底什么样的室内设计才是未来发展的趋势和理念?

到底什么样的室内设计才能让人居室内环境达到更高的层次和境界?

有学者从室内空间规划的角度探讨室内设计,也有学者从美学角度出发探索视觉美学的艺术规律,还有专家从社会和人文历史角度解读特定环境下的语境与文化内涵,但他们最终也没有说明室内设计思维过程的核心与本质。

室内设计系统论以开阔的视野进行多角度、多层次、全方位的分析,阐述室内设计构思过程的核心思维模式;提出室内设计要用系统论作为指导思想,从室内设计诸多要素中概括出三个核心要素——物学、人学、美学,并创造性地提出"室内设计系统论"的科学理论体系。

1.2 室内设计系统论的研究内容

室内设计涉及学科广泛、内容众多、问题复杂,并非单一学科研究能够概括或归纳的。室内设计主要包括了对规划学、建筑学、空间组合学、人体工程学、环境心理学、环境物理学、环境美学、社会学、文化学、民族学、宗教学、哲学等多种学科进行广泛、系统、综合的研究,室内设计系统论对室内设计提炼出三个核心要素:物学、人学、美学, 并将其作为主要研究内容构建理论体系。

室内设计系统论的核心内容是物学为基础,人学为根本,美学为关键。

室内设计系统论的基本标准是物学、人学、美学有机统一,科学、文化、艺术和谐共生。

物学、人学、美学这三个要素是不可分割、有机统一的整体。系统中每个要素也是室内设计系统的子系统，而各子系统之间又相互影响，彼此关联。把物学、人学、美学和谐统一在室内设计系统中，才能创造出真正完美的作品（图1-1）。

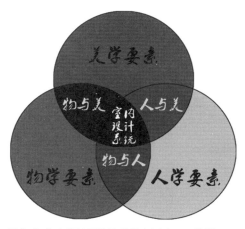

图1-1 室内设计系统论的核心要素——物学、人学、美学之间的关系图

1.3 室内设计系统论的研究方法

在近代科学中，实验占了极其重要的地位，进而产生了经验论思想。笛卡尔的唯理论几乎成了近代理论研究的标准方法。其特点是分析、解剖，把复杂的事物分解得相对简单并加以研究，之后，再把简单的合为复杂的。这种思路是建立在与系统思想完全对立的"可分"与"可加"的基础上的。

在这种指导思想下对室内设计进行研究，很多学者把室内空间结构分解，如将室内设计分为地面设计、墙面设计、顶面设计三种类型，以期达到对室内设计的局部深入认识，再获得对室内设计的整体的全面认识。但是，在室内设计系统中往往1+1<2。对局部问题的过度重视容易使人忽略整体，目光狭隘，只见树木不见森林。黑格尔说："脱离人体的手不能说是人手。"这说明某些部分不能脱离整体，部分之和不等于整体。因此，室内设计系统论强调整体性才能解决系统中物学、人学、美学各要素之间的矛盾。

1.3.1 系统论

系统科学是一门研究事物整体性及其与环境的学科，是一门从整体性的角度观察世界、研究事物、认识问题的学问。

整体性是系统科学最核心的问题。整体不同于部分之和，整体存在于环境之中。

系统方法是把研究对象放在系统的形式中加以考察的一种方法。具体说就是从系统的观点出发，始终着重从整体与部分之间，整体与外部环境的相互联系、相互作用、相互制约的关系中综合、精确地考察对象，以达到最佳处理问题的一种方法。

1.3.2 系统思想具体内容

(1)整体的观点：把系统当作整体而不是把系统归结为要素或局部的机械总和。

整体大于部分之和。

(2)联系的观点：系统内部要素之间，系统与环境之间的关系。

正确认识系统要素之间的关系才能认识系统。

(3) 有序的观点：系统内部要素之间的联系与制约是有规律、有秩序的。

主要表现在时间顺序、空间结构、功能行为这三个方面。

(4) 动态的观点：系统是"活"的机体。

要素之间、要素与系统、系统与环境之间都存着物质、能量和信息的流动。系统的平衡与稳定是一种动态的平衡和稳定。设计一定要认识和反映这种"活"的有机整体。

(5) 最佳的观点：就是最优化，最优化现象和趋势是复杂系统客观存在的规律。

1.3.3 系统的范畴和特征

系统的范畴包括结构、功能、关系和模型。系统的特征包括庞大、复杂；目的、行为、功能；生长和适应；资源的冗余；秩序、组织、结构。

系统的整体性可以从三个基本方面加以研究：从整体内部的组成和结构研究；从整体外部的属性和状态研究；从整体在时空中的运动特征，即演化过程研究。

1.3.4 系统定性定量和模型

系统定性：对研究对象、问题、目标、路线四个问题进行回答。

系统定量：描述进入理论阶段的标志，建立在定性和简化前提之上。对系统四方面的量、形、关系的精确剖析。

系统模型：构造出能描写系统运动，演化规律的数学模型，也能明白系统各变量之间的关系以及这些关系如何随时间变化。涉及空间、时间、状态、变量等。

室内设计系统论以系统论思想为指导，从室内设计系统的内部组成和结构出发，建立室内设计思维模型；站在整体观的高度对复杂的室内设计系统各要素的功能和相互关系进行研究；为中国室内设计理论创新研究提供了可供参考的模型和基本原理。

1.4 室内设计系统论的研究结论

室内设计要以室内设计系统论为指导，才能解决系统中物学、人学、美学三个核心要素之间的矛盾；要从三个核心要素的交叉方向入手，分析系统的要素和结构关系；要做到室内系统与外部环境整体性最优；要以"物学为基础，人学为根本，美学为关键"，才能实现室内设计系统中科学性、文化性、艺术性的完美融合。

1.5 室内设计系统论的研究价值

从现象入手，探究室内设计的本质与核心，提炼出内在规律，形成室内设计系统论理论。

室内设计系统论完善了室内设计的多解需求，为设计者提供多角度设计的新思路，为室内设计系统理论体系的完善提供基本的行业标准，倡导多学科交叉，推动思想创新和理论创造。

1. 建立科学秩序

由于需求的多样化导致室内设计发展多元化，但仅有多元还不够，还必须有一定的秩序，所以，室内设计需要室内设计系统论进行科学的思想指导。

2. 传承人类文化

传承人类一切优秀的文化成果和智慧结晶，强调"人"才是室内环境的真正塑造者和空间中的主角，鼓励使用者更多地参与到前期设计中去，通过参与和相互影响，让室内环境与使用的主体人群相得益彰，让室内环境具有独一无二的特定文化属性与意义。

3. 彰显生存艺术

尊重自然法则，优化资源配置、降低成本、提升效益，运用科学技术实现人居环境与自然和谐共生。

思考：

室内设计系统论的理论体系是如何创造出来的？

第 2 章
室内设计系统论的模型
SHINEI SHEJI XITONGLUN DE MOXING

《室内设计系统论》运用系统论的思想，研究室内设计的全过程和客观存在；提炼出三个核心要素——物学、人学、美学，用一张图浓缩了室内设计中的诸多要素；为创造出整体性最优的室内设计方案，提供了一种可资借鉴的、系统的思维模式和科学的方法论。

——吴青泰

2.1 室内设计系统论的概念

2.1.1 室内的概念

室内，通常指一所建筑物的内部，一般由6个面组成。（图2-1）泛指所有闭合的供人使用的内部空间（包括飞机、火车、船舶等内部空间）。

图2-1 室内的概念

2.1.2 设计的概念

设计，广义讲是通过分析、综合、创造达到满足某种特定功能系统的一种活动过程。狭义讲是把一种计划、规划、设想、问题解决的方法，通过视觉的方式传达出来的活动过程。

2.1.3 系统的概念

系统，是有组织和被组织化了的整体，结合着的整体所形成的各种概念和原理的综合，由有规则的相互作用、相互依存的形式组成的诸要素的集合。

2.1.4 室内设计系统论的概念

室内设计系统论，就是用系统论的思想研究室内设计的全过程和所有存在，创造整体性最优之解决方案的系统思维模式和科学方法论。

室内设计系统论主要研究以下三个层次的问题：

第一层次，研究室内设计系统中三个核心要素物学、人学、美学每个子系统的内容。

第二层次，研究室内设计系统中三对要素之间的关系：物学与人学的关系；物学与美学的关系；人学与美学的关系。

第三层次，研究室内设计系统中三个要素是三位一体的有机整体，创造室内系统与外部环境系统和谐统一、融合一体、整体性最优的解决方案。

2.2 室内设计系统论的模型

室内设计系统论以系统论思想为指导，从物学、人学和美学三个方向进行横向交叉和立体研究，多角度地分析了室内设计系统中的核心三要素、各个要素之间及系统与环境的关系。

室内设计系统论的模型是物学、人学、美学三个方向的全面发展，是系统的、全方位的，也是不可分割的有机整体，缺一不可（图 2-2）。

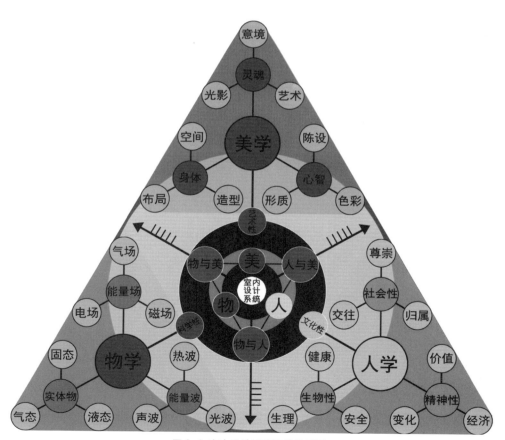

图 2-2 室内设计系统论的模型图

2.3 室内设计系统论的流程

1. 系统分析步骤

（1）总体分析：确定室内设计系统预定的总体目标及客观条件的限制。

（2）具体分析：为实现总目标要完成哪些任务，满足哪些要求。

（3）功能分析：对整个系统及各子系统的功能和相互关系进行分析。

（4）指标分配：在功能分析的基础上确定对各子系统的要求及指标分配。

（5）方案研究：为完成任务和指标，制定各种可能实现的方案。

（6）分析模拟：通过模拟，分析某个因素发生变化时，系统指标也发生变化的情况。

（7）系统优化：在方案研究和分析模拟的基础上，从可行方案中选出最优方案。

（8）系统综合：经过理论论证和实际设计使方案具体化，使各个系统在规定的范围内得到明确、定性、定量的结论，包括所有的细节问题。

2. 系统协调流程

系统流程是提出问题、分析问题、解决问题一系列综合复杂的过程。室内设计系统流程是从室内问题分析到寻找答案再到评价与反思过程的整体研究（如 2-3）。

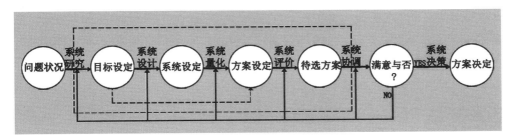

图 2-3 系统分析与协调流程图

2.4 室内设计系统论的评价标准

室内设计的评价标准是人们对室内设计价值的认识与衡量，是一个国家或地区室内设计水准的重要内容。

由于室内环境空间归属不同的使用主体，故而对其进行评价的主体也不固定，主体的文化背景与认知差异导致人们对室内设计的评价经常带有个人主观色彩，缺少客观的评价体系和量化的标准。

室内设计系统论提出相对全面、客观、公正的评价标准：

（1）室内设计系统的三要素设计是否满足使用主体和环境的需要；

（2）室内设计系统要素的相互关系是否能够和谐共生、实现循环；

（3）室内设计系统与外界环境关系是否满足物质与精神上的平衡。

室内设计系统论是既微观又宏观的整体全局思想，我们要学会用"显微镜"和"望远镜"看问题，从宏观、中观、微观三个层次研究事物。许多问题局限在一个层次是永远也讲不清的，必须到另外两个层次中寻找依据，从事物的构成和环境中去寻找原因。

室内设计系统论的提出必将带给人们更多健康、幸福与和谐的人居室内环境。

思考：

1. 室内设计系统论模型是如何建构的？

2. 室内设计系统论主要研究哪三个层次的问题？

3. 室内设计系统论评价标准是如何提出的？

第 3 章
室内设计系统论之物学要素
SHINEI SHEJI XITONGLUN ZHI WUXUE YAOSU

物学要素是《室内设计系统论》的基础。

世界是由有形和无形的物质组成，世界上的一切都是能量的不断变化与循环。世界如此，人生如此，室内设计更是如此。超越有形与无形的限制，科学经营物学系统，创造出独一无二的场地精神，是成功的室内设计的核心标志。

——吴青泰

3.1 物学要素研究的内容

物是指人以外的具体的东西或跟自己相对的环境。

物学是指在《室内设计系统论》中，物学指室内设计中处理所有"人"以外的具体物质和与主体"人"相对应的客体物质环境的学问和科学。

物学要素是室内设计系统论的基础。主要研究室内环境的物质组成和能量循环，通过对各种物学要素的排列组合与合理配置，达到室内设计系统的科学性要求。

"质量就是能量，能量就是质量。时间就是空间，空间就是时间。"

——爱因斯坦（图3-1）

图3-1 阿尔伯特·爱因斯坦——相对论的创立者，现代物理学奠基人

在狭义相对论中能量和另一个重要物理概念即质量联系在一起了，建立了质能关系公式：$E = MC^2$

能量等于质量乘以速度的平方→增加能量只有增加质量和提高速度。

这个公式深刻地阐明了能量的物质性，表明两者存在某种深刻的联系。即质量和能量就是一个东西，是一个东西的两种表述。质量就是内敛的能量，能量就是外显的质量。所以说，物质是构成宇宙万物的实物、场等客观存在，是能量的一种聚集形式。

物学要素分为两种空间形式：

（1）有形实体性物质有三种形式存在（气态、液态、固态）。

（2）无形能量性物质：能量波（声波、光波、热波）和能量场（电场、磁场、气场）。

室内设计系统论将物学要素归结为九种基本存在形式，即气态、液态、固态、声波、光波、热波、电场、磁场、气场（图3-2）。

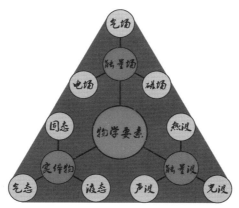

图 3-2 物学要素九种存在形式图谱

实体性物质是室内设计物学要素的基础，因为有形、看得见、摸得着，入手较容易，所以，我们放在最前面研究。

能量波物质中的声、光和热等波性物质是《建筑物理》中主要讲述的内容，因此，本书鉴于篇幅所限仅作概述，不展开详细论述。

能量场物质在室内设计书中的论述较少，电场有专门研究的专业，室内设计师多数需要与电气工程师配合完成设计方案，所以，也需要了解相关的基本知识。气场因为无形无相，所以，既是室内设计的精华，也是最抽象和最难以捉摸的部分。

物质的更高级形态，如人和人组成的集团、民族、国家等，就本质而言也都是物质。世界上所有的客观存在都是物质。由于"人"是室内设计的使用主体，具有个体多样性和变化性强等特点，所以，我们将人学要素和物学要素列为平行关系进行对比研究，也就是主体与客体分离、综合对比分析说明室内设计系统各要素之间的关系。

通过对室内设计系统论中物学要素的研究，我们可以系统地对室内物质环境进行科学设计与合理组织，最终，为人们创造一个安全、舒适、高效、健康的室内环境。

3.1.1 物学要素之一——实体性物质

1. 实体性物质之——气态物质

气态物质是物质存在的一种状态，它可以流动、变形、被压缩。气态物质的原子或分子的动能比较高。

(1) 我们的生活空间被大量气态物质包围着。

许多古人观察到：风能将较细的树干吹弯，使烧开的水中冒出气泡，因此，早期的哲学家相信有一种称为"空气"的元素存在，并具有上升的倾向。17 世纪时，托里切利证明空气和固体、液体一样具有重量。

(2) 空气运动形成风。

通风分为自然通风和机械通风，是指建筑物室内污浊的空气直接或净化后排至室外，再把新鲜的空气补充进去，从而保持室内的空气环境符合卫生标准。

a. 定律

爱因斯坦的质能公式：$E = MC^2$ 说明空间中的能量和空间中空气的流动速度是成正比关系。

b. 关键

空气运动速度越快，空间中蕴含的能量就越大。当空气不流动，人在室内会昏昏欲睡；

当空气流动过快，人也容易受风。

c. 核心

没能量不行，能量太强也不行，最好的状态是能够有机更新，达到内外平衡。

(3) 室内空气流动的主要措施是通风。

通风主要目的：

1）保证排除室内污染物；

2）保证室内人员的"热"舒适；

3）满足室内人员对新鲜空气的需要。

在室内设计中，气态物质虽然看不见、摸不着，但却非常重要，因为室内环境中流动性最强的就是空气。所以，门窗和通风的系统设计在室内设计系统中就显得非常重要。由此，我们不难理解为什么南北通风的房子适合居住并广受欢迎，因为空气对流可以快速增加空间的能量，人在空间中可以吸收能量，促进健康；反之，人在空气不流动的空间容易感到烦闷、犯困、精神难以集中，就是因为空气流动速度很小，所以，空间能量不够，人无法从环境中吸收能量，能量补充的速度跟不上人自身消耗能量的速度。

还有通风、排烟系统。现代设计的高层塔楼，由于不是南北通透的板楼，楼内常设计通风竖井，以实现空气的流动和能量的循环。厨房的烟道也是为了快速地排出将炒菜的油烟和浊气，由于烟道上下连通，不能因为自家不需要厨房就将烟道拆除或堵死，从而影响楼下的排烟功能。

在室内环境中，如果空气不流动，人极容易感到困倦，其本质原因是空气中的氧气含量不足，良好的室内设计系统必须考虑有足够的新风量。

新风就是指新鲜的空气。

新风量是指室内新鲜空气的总量。

关于新风量的调查研究，西方国家早在 20 世纪 90 年代初就已开始，从对加拿大、美国、西欧、南美 85 栋 IAQ（即室内空气质量）较差的建筑调查结果看，在导致 IAQ 较差的所有原因中，新风量不足排在第一位，占 57%，其次是室内污染源增多。美国职业安全与卫生研究所的调查也表明，室内空气影响人体健康的几大因素中，通风不良占 48%，国际室内空气协会成员，《室内空气》期刊主编 Sundeu 教授对瑞典 160 栋建筑进行研究，发现新风量越大，发生建筑病综合症的风险就越小。

我国在各种标准、规范中也规定了不同类型公共室内环境人员的新风标准：

影剧院、音乐厅、录像厅、体育馆、商场、书店、餐厅等为 $20m^3/$（$h \cdot p$）；

办公室、游艺厅、舞厅等为 $30m^3/$（$h \cdot p$）；

旅馆客房 3 ～ 5 星级为 $30m^3/$（$h \cdot p$）；

1 ～ 2 星级为 $20m^3/$（$h \cdot p$）。

我国国家标准《室内空气质量标准》（GB/T18883-2002）里对室内空气的物理性、化学性、生物性和放射性都给出标准值，规定新风量不应小于 $30m^3/$（h·p）（表 3-1）。

(4) 改善室内空气品质常用措施：

1) 室内空气质量符合健康标准；

2) 保证必要的新风量是保证室内空气品质合格的必要条件；

3) 合理有效的布置，新风的送风口接近人员停留地区，排风口接近污染源，提高通风效率；

4) 引进新风的室外取风口该应尽量选在空气质量好的位置；

5) 促进或不妨碍自然通风，大力提倡采用节能型供热、空调设备等；

6) 空气环境应有除菌、除尘、除异味的处理措施。

室内设计中另外一种气态物质就是燃气，燃气通过燃烧释放热能将食物变熟或将水加热供人们饮用或者洗菜、洗手、洗澡等，所以，燃气的本质是提供热源。

燃气由于易燃且具有危险性，所以，在室内设计中，燃气热水器设备须安放在通风的窗口附近，保障人生存环境的安全；而燃气灶尽量不要放在风口，避免人不在的时火被吹灭造成安全隐患。现代室内设计中为了美观，很多设计师将燃气管道进行装饰和封闭，但是，一定注意留有检修口，便于日后检修和维护。

室内空气质量标准　　　　　　　　表 3-1

	参数类别	参数	单位	标准值	备注
1	物理性	温度	℃	22 ~ 28	夏季空调
				16 ~ 24	冬季采暖
2		相对湿度	%	40 ~ 80	夏季空调
				30 ~ 60	冬季采暖
3		空气流速	m/s	0.3	夏季空调
				0.2	冬季采暖
4		新风量	m^3/h. 人	30[a]	
5	化学性	二氧化硫 SO_2	mg/m^3	0.50	1h 均值
6		二氧化氮 NO_2	mg/m^3	0.24	1h 均值
7		一氧化碳 CO	mg/m^3	10	1h 均值
8		二氧化碳 CO_2	%	0.10	日平均值
9		氨 NH_3	mg/m^3	0.20	1h 均值
10		臭氧氨 O_3	mg/m^3	0.16	1h 均值
11		甲醛 HCHO	mg/m^3	0.10	1h 均值
12		苯 C_6H_6	mg/m^3	0.11	1h 均值
13		甲苯 C_7H_8	mg/m^3	0.20	1h 均值
14		二甲苯 C_8H_{10}	mg/m^3	0.20	1h 均值
15		苯并 [a] 芘 B[a]P	ng/m^3	1.0	日平均值
16		可吸入颗粒 PM10	mg/m^3	0.15	日平均值
17		总挥发性有机 TVOC	mg/m^3	0.60	8h 均值

续表

	参数类别	参数	单位	标准值	备注
18	生物性	细菌总数	cfu/m³	2500	依据仪器定[b]
19	放射性	氡 ^{222}Rn	Bq/m³	400	年平均值（行动水平[c]）

注：1. 新风量要求不小于标准值，除温度、相对湿度外的其他参数要求不大于标准值。
　　2. 行动水平即达到此水平，建议采取干预行动以降低室内氡浓度。

如表 3-1 所示，中华人民共和国质量标准《室内空气质量标准》GB/T 18883-2002，本标准由国家监督检验检疫总局、卫生部和国家环保总局与 2002 年 11 月 19 日发布，2003 年 3 月 1 日实施。

2．实体性物之——液态物质

液态物质是一种可以流动、变形，可微压缩的形态存在的物质。

液态物质受热时，液体粒子间的距离通常都会增加，因而造成体积膨胀；当液体冷却时，则会发生相反的效应而使体积收缩。液态物质随室内温度变化还会转化成固态和气态物质，因此，液态物质的特点是流动性，其形态不仅变化丰富而且多姿多彩。

液态物质必须依附于固态物质而存在，所以，液态物质的设计离不开固态物质的安全施工。室内设计中的隐蔽工程就是液态物质按设计路线流动的保证，也是室内装修过程中最重要的一个环节。一旦发生漏水，水会马上喷出给环境造成破坏，影响生活和工作并造成经济损失。

室内液态物质主要指水，可分为三种：生活使用水、安全保障水和观赏景观水。

(1) 生活使用水是指人类在室内环境中，满足日常生活所需而使用的水。如饮用、盥洗、洗澡、游泳、洗涤、浇花、冲马桶、加湿空气等（图 3-3 ～图 3-6）。

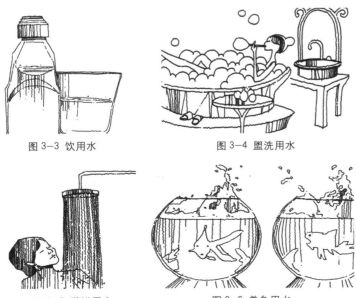

图 3-3 饮用水　　　　图 3-4 盥洗用水

图 3-5 淋浴用水　　　　图 3-6 养鱼用水

(2) 安全保障水是指为保障人在室内环境中生活的安全性而准备的应付突发事件的水。如消防用水等。消防系统通常指建筑消防系统。比如消火栓系统，自动灭火系统（喷淋，气体等）、自动报警系统、报警联动系统（防火门、防火卷帘、防排烟机、消防电梯等）、疏散照明系统（应急灯、标志）、应急广播系统等（图3-7～图3-12）。

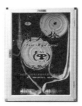

图 3-7 烟感　　图 3-8 消火栓箱　　图 3-9 防火卷帘　　图 3-10 应急灯　　图 3-11 报警按钮　　图 3-12 喷淋头

室内设计水系统设计也要严格遵守消防规范和建筑给水排水设计规范，这在室内设计中往往不太被重视，实际上，安全性是人对室内设计的第一需要。

核心：有进有出，进出平衡；来时鲜活，去时畅通；静时不漏，动添能量。

确保使用者安全最好的办法就是严格按规范设计和施工，"防患未燃"和"防水未漏"！

(3) 观赏景观水是指在室内环境中主要为满足人观赏景观的视觉、听觉、湿度和提升环境质量需求而需要的水。

观赏景观水的设计多来源于自然界水的某种存在形态，有泉源、溪流、池塘、湖泊、瀑布、河流、大海、水雾等多种形式，观赏景观水的设计就是它们的不同组合方式（图3-13）。

在室内设计中，水景因魅力丰富常常成为室内环境的中心或最具自然气息的美景。常用的方法有人工瀑布、水幕、鱼池、涌泉等（图3-14～图3-23）。水的形式变化无穷却又具

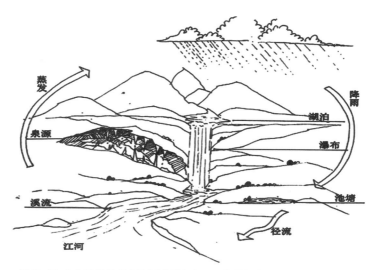

图 3-13 室内观赏景观水的设计创意来源于自然界水的各种存在形式及组合

图 3-14 观赏景观水——瀑布

图 3-15 观赏景观水——落水和涌泉

图 3-16 观赏景观水——落水

图 3-17 观赏景观水——池塘

图 3-18 观赏景观水——静水

图 3-20 观赏景观水——喷射激流水柱

图 3-19 观赏景观水——滴水

图 3-21 观赏景观水——静水池落水

图 3-22 观赏景观水——室内叠水景观

图 3-23 观赏景观水——室内落水与池塘结合

有统一性，动态的水呈现生命之感，静态的水传递平和与静美。水影响着听觉、嗅味、触觉和视觉，流水的声响和流动的效果因其容纳渠道的形式而加强和变化。小量的水重复利用可以产生惊人大效果，即使滴水也可以奏出音响。

关键：水在自然界的形态与过程都可以通过微缩尺度的手法将其应用于室内环境。

核心：景观水满足人视听需要时，同时将自然要素纳入室内，调节湿度和微气候。

天井：我国江南民居住宅的大门多开在中轴线上，迎面正房为大厅，后面院内常建二层楼房。由四合房围成的小院子通称天井。其作用主要是集水、通风、采光和消防。

四水归堂：徽州民居的院落四边的屋顶都是斜坡屋顶，下雨时雨水会从四面流入天井中的堂屋前面，称"四水归堂"（图 3-24 ～图 3-26）。

图 3-24 四水归堂——斜坡屋顶　　　图 3-25 四水归堂——堂屋　　　图 3-26 四水归堂
——天井

南方民居的天井组合方式较普遍，采用天井形式与当地气候条件、社会制度、生活习惯等有密切关系。南方地区院落很小，四周房屋连成一体，称作"一颗印"（图 3-27）。

探源：人法地，地法天，天法道，道法自然，设计满足需求的过程就是师法自然。

核心：室内设计创新有多种，变化形式保留精神内涵，用现代手法再现古典意境。

3. 实体性物质之——固态物质

固态物质是具有相对稳定的、固定的形态的物质。

液态物质和气态物质则随环境变化性较强。

固态物质的设计主要从形态、构造、表皮三个方面入手，是室内设计中的主要内容。如空间围护外墙、间墙、门、窗户等；围合室内空间的墙体、隔断；空间的功能物品家具、灯具、装饰艺术品、绿化等；空间承重的主体结构梁、柱、楼板及装饰物构造结构等；空间界面表皮常用软包、壁纸、油漆、饰面板等；功能设备选型等。

室内设计常用的主要固体材料有石材、木材、玻璃、金属、陶瓷、壁纸、织物、塑胶、漆类等。每种材料都有自己独特的质感和纹理，具有不同的感觉，设计时要多加感受并积累不同材料的搭配组合的经验，在设计时才能精准地表达自己的想法。

实体性物质中固态物质的设计主要从三个方面入手。首先，固态物质围合形成空间形态，各种固态物质存在的负空间塑造真实的空间；其次，固态物质显示其结构形式和构造方法，是空间的支持条件和有力保证；最后，固态物质在空间界面的表皮肌理展现固态物质的种类、花色及纹理等。

固态物质的空间形态可以表达不同的设计追求。在北京中国银行总行室内设计的案例中，设计师通过围合塑造空间形态，把建筑物的中心设计成一座拥有自然光线和竹林、鱼池等园林景观要素的大中庭花园，空间形态大气磅礴、撼人心魄（图3-28、图3-29）。

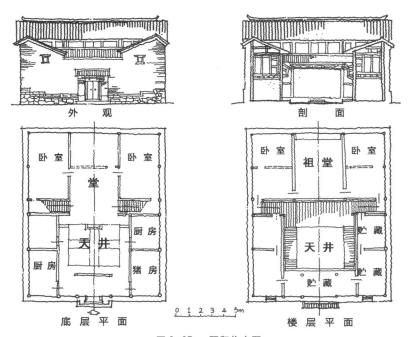

图3-27 一颗印住宅图

图3-28 中国银行总行大堂——独特的结构形式营造中庭气势磅礴的空间形态1

图3-29 中国银行总行大堂——独特的结构形式营造中庭气势磅礴的空间形态2

1 石膏板吊顶及构造

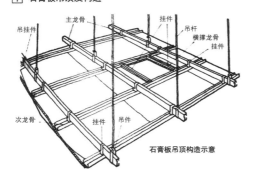

石膏板吊顶构造示意

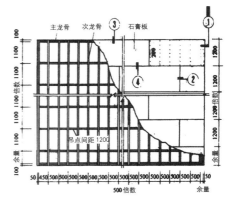

2 主龙骨吊点构造

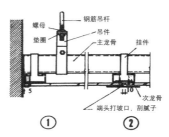

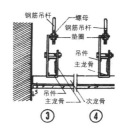

3 中餐厅立面及构造

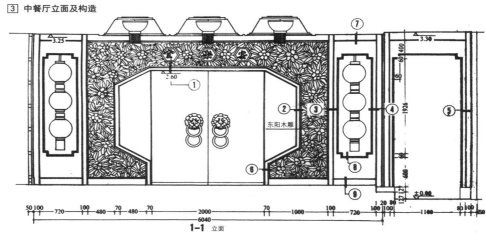

1-1 立面

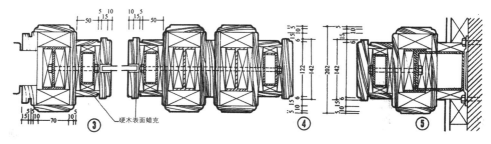

图 3 - 30 构造方法

1.石膏板吊顶及构造；2.主龙骨吊点构造；3.中餐厅立面及构造（选自《室内设计资料集》）

固态物质的结构形式和构造方法是固态物质设计的重要内容。虽然结构设计隐藏在形态内部，但是好的结构及构造为固态物质的存在提供安全保障、增加使用寿命、提高经济性。鉴于构造有专业课程及本书篇幅所限，在此仅作示意（图3-30）。

固态物质的表皮肌理通过不同材料组合展现室内丰富的表情（图3-31～图3-37）。

图3-31 木材带给人的温暖质感

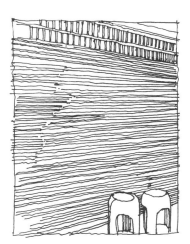

图3-32 表皮肌理——木质禅意朴素

图3-33 表皮肌理——金属质感墙面

图3-34 玻璃材质的通透性

图3-35 地面拼花

图3-36 墙面清水砖质感

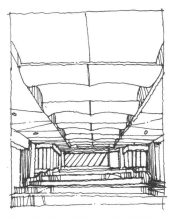

图3-37 表皮肌理——顶面天花

3.1.2 物学要素之二——能量波物质

1. 能量波物质之——声波物质

高等院校室内设计专业课程中的《建筑物理》主要讲述的声、光、热就是"能量波物质"，所以，作者在此只做概述，不详细展开论述。"能量波物质"虽然无形无像，但在室内环境中却对人类生存环境的质量起着重要的作用。

声波：声源体发生振动会引起四周空气振荡，那种振荡方式就是声波。

声以波的形式传播着，我们把它叫做声波。声波借助各种介质向四面八方传播，气体、液体和固体都可以传播声音，真空不能传声。

声音传播必备三要素：声源、传播媒介和接收器。

声源是产生振动的物体；传播媒介是能量流动的渠道；接收器是感受声音的装置。比如在弹奏乐器时，乐器是声源，空气是传播媒介，耳朵是感受声音的接收装置。

室内环境的降噪设计常用以下三种解决方案：

(1) 降低声源噪声。

(2) 隔、堵声源，切断传播途径。

(3) 改善接受者接收声音的环境（图 3-38 ～图 3-40）。

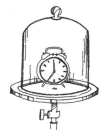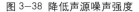

图 3-38 降低声源噪声强度　　图 3-39 切断声音传播途径　　图 3-40 改善接受者环境

室内设计要为生活和工作在其中的人提供舒适的声音环境。

首先，满足安静的需求，避免外界声噪音的传入。如断桥铝门窗的密封性较高，隔音效果就高于普通塑钢窗，尤其是在铁路旁的房子对隔声的要求会更高；公共空间室内设计也要注意室内消音设计和空间的隔声处理，不要让彼此相邻空间产生声波干扰。

其次，满足听到声音及声音变化的需求。如咖啡厅的背景音乐系统。背景音乐系统是智能家居的组成部分，即在任何一间房子里，包括客厅、卧室、厨房及卫生间等，均可布上音乐线，通过一个或多个音源，让人在每个房间里都能听到流动美妙的背景音乐。

最后，满足声音在空间以一定的品质传播的需求。

不同性质的室内空间对声音混响要求是不一样的，核心是为人们提供更适宜的环境。

2. 能量波物质之——光波物质

光是人类眼睛可以看见的一种电磁波，也称作可见光谱。在科学上的定义，光是指所有的电磁波谱。光可以在真空、空气、水等透明的物质中传播。光是地球生命的来源之一，光是人类生活的依据，是人类生存不可缺少的物质，光是人类认识外部世界的工具。

(1) 光源：分为自然光源和人造光源。

(2) 自然光：自然存在的光源。主要指太阳光。

(3) 人造光：人造产生光的设备。主要指白炽灯、荧光灯、LED 灯、射灯等室内灯具。

(4) 光源形式：主要有点光源、线光源、面光源三种。

(5) 照明：光对一个物体的作用，即照明物体。

照明是利用各种光源照亮工作和生活场所或个别物体的措施。照明是光→照→明的过程，有光发散即为照，照亮物体即为明。照明是创造良好的可见度和舒适度的室内照明环境的方法。

照明种类分为正常照明、应急照明、值班照明、警卫照明和障碍照明，其中应急照明包括备用照明、安全照明和疏散照明。照明方式一般分为直接照明、半直接照明、漫射照明、半间接照明及间接照明（图 3-41 ～图 3-45）。

图 3-41 直接照明　　图 3-42 半直接照明　　图 3-43 漫射照明　　图 3-44 半间接照明　　图 3-45 间接照明

(6) 眩光：在一个照明环境中，当某光源或物体的亮度比眼睛已适应的亮度大得多时，人就会有眩目或耀眼的感觉，此种现象称为眩光。

眩光会造成不舒适或可见度下降。前者称不舒适眩光，后者称失能眩光。

(7) 照度：指物体被照面单位时间内所接受的光通量，采用单位面积所接受的光通量来表示，表示单位为勒克斯（Lux,lx），即 lm/m^2。1 勒克斯等于 1 流明（lumen,lm）的光通量均匀分布于 $1m^2$ 面积上的光照度。照度是以垂直面所接受的光通量为标准，若倾斜照射则照度下降。

在室内环境中，大堂、办公、休闲等空间的照度都要分别根据实际需要设计，满足人在室内不同环境中的特殊需要。室内设计要防止眩光及光污染，防止室内视觉污染；采用高效节能的照明措施，不同空间照度应符合规则；保证主要使用空间能够获得日照及适宜的采光系数。室内光环境设计是至关重要的，离开光不仅无法保证人在功能区之间自由流动，更让一切视觉艺术都无从谈起。

3. 能量波物质之——热波物质

热：可在两个热力系之间或热力系与外界之间因温度差而传递的一种能量形式。

热量：指的是由于温差的存在而导致的能量转化过程中所转移的能量。该转化过程称为

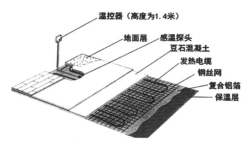

图 3-46 电热膜系统图

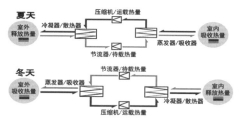

图 3-47 空调系统原理图

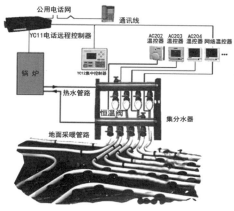

图 3-48 地暖安装系统图

热交换或热传递。若两区域之间尚未达至热平衡，那么热便从它们中间温度高的地方向温度低的另一方传递。

热力学第零定律：如果两个热力系的每一个都与第三个热力系处于热平衡，则它们彼此也处于热平衡。

热力学第一定律：热力系内物质的能量可以传递，其形式可以转换，在转换和传递过程中各种形式能源的总量保持不变。

热力学第二定律：不可能把热从低温物体传到高温物体而不产生其他影响；不可能从单一热源取热使之完全转换为有用的功而不产生其他影响；不可逆热力过程中熵的微增量总是大于零。

热力学第三定律：不可能用有限的手段和程序使一个物体冷却到绝对温度零度。

室内热环境调控主要通过以下几种方式：

首先，通过窗地面积比设计及太阳能设备提高日照利用率；

其次，通过围护结构的保温防止热损耗（如墙体采用隔热性能优良的建材、楼板、门窗的保温）；

最后，通过暖通设备来调节，如暖气、地暖、空调、电热膜等（图3-46～图3-48）。

3.1.3 物学要素之三——能量场物质

1. 能量场物质之——电场物质

（1）电：自然界的闪电是电的一种现象。电是一种自然现象，是一种能量。

（2）电能：是表示电流做多少功的物理量，电能指电以各种形式做功的能力。

电能是一种重要的能源，广泛用于生产和生活，如电灯发光、电炉发热、电机产生动力（图3-49～图3-52）。

有一位举世闻名的美国电学家和发明家托马斯·阿尔瓦·爱迪生（图3-53），他除了在留声机、电灯、电话、电报、电影等方面的发明和贡献以外，在矿业、建筑业、化工等领域

图 3-49 闪电

图 3-50 电能的传输

图 3-51 电能的循环

图 3-52 电能转换成光能

也有不少著名的创造和真知灼见。爱迪生一生共有约两千项创造发明，为人类的文明和进步作出了巨大的贡献。电能的利用是第二次工业革命的主要标志，从此人类社会进入电气时代。

室内设计电系统中有强电和弱电两种。室内设计电气设计图中主要有开关、灯位布置图、插座位置图、开关配电系统图、弱电系统图等。设计师主要负责电气平面布置图，进行位置空间定位，系统图一般由专业电气工程师完成，不过室内设计师也要能够识图并了解相关设计与施工规范，方便与施工方和甲方沟通。

图 3-53 托马斯·阿尔瓦·爱迪生——举世闻名的美国电学家和发明家

(3) 强电：这一概念是相对于弱电而言的，强电一般是指交流电电压在 24V 以上。如插座、开关、电视、电话、电脑、音响、空调、冰箱等电器及各种灯具等。

(4) 弱电：一般是指直流电路或音频、视频线路、网络线路、电话线路，直流电压一般在 32V 以内。建筑中的弱电主要有两类：一类是国家规定的安全电压等级及控制电压等低电压电能，有交流与直流之分，如 24V 直流控制电源，或应急照明灯备用电源。另一类是载有语音、图像、数据等信息的信息源，如电话、电视、计算机的信息等。

狭义上的建筑室内环境弱电主要是指安防（监控、周界报警、停车场）、消防（电气部分）、楼控及网络综合布线和音频系统等。

2. 能量场物质之——磁场物质

(1) 磁场：是一种看不见，而又摸不着的特殊物质，它具有波粒的辐射特性。

磁体周围存在磁场，磁体间的相互作用就是以磁场作为媒介的。电流、运动电荷、磁体或变化电场周围空间存在的一种特殊形态的物质。由于磁体的磁性来源于电流，电流是电荷的运动，因而概括地说，磁场是由运动电荷或电场的变化而产生的。在电磁学里，磁石、磁铁、电流、含时电场，都会产生磁场。处于磁场中的磁性物质或电流，会因为磁场的作用而感受到磁力，因而显示出磁场的存在。常见的磁场有地磁场和电磁场。

(2) 地磁场：是从地心至磁层顶的空间范围内的磁场，是地磁学的主要研究对象。

人类对于地磁场存在的早期认识，来源于天然磁石和磁针的指极性。地磁的北磁极在地理的南极附近；地磁的南磁极在地理的北极附近。磁针的指极性是由于地球的北磁极（磁性为 S 极）吸引着磁针的 N 极，地球的南磁极（磁性为 N 极）吸引着磁针的 S 极。这个解释最初是英国 W.吉伯于 1600 年提出的。

地球能够产生自己的磁场，这在导航方面非常重要，可以保证指南针的指北极准确地指向地球的地理北极（图 3-54 ～图 3-56）。

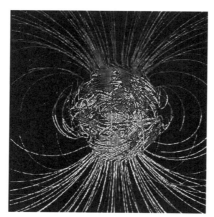
图 3-54 计算机模拟演示地球的磁场

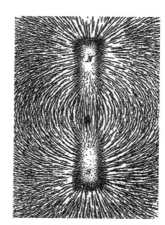
图 3-55 透过铁粉显出磁场线

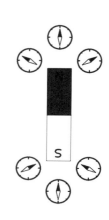
图 3-56 南极、北极互相吸引

磁现象是最早被人类认识的物理现象之一，指南针是中国古代四大发明之一。磁场是广泛存在的，地球，恒星（如太阳），星系（如银河系），行星、卫星，以及星际空间和星系际空间，都存在着磁。为了认识和解释其中的许多物理现象和过程，必须考虑磁场这一重要因素。因此，室内环境系统也在大磁场当中，设计要充分利用地磁场的作用。

(3) 电磁场：是有内在联系、相互依存的电场和磁场的统一体和总称。

随时间变化的电场产生磁场，随时间变化的磁场产生电场，两者互为因果，形成电磁场。电磁场可由变速运动的带电粒子引起，也可由强弱变化的电流引起，不论原因如何，电磁场总是以光速向四周传播，形成电磁波。电磁场是电磁作用的媒递物，具有能量和动量，是物质存在的一种形式。

在现代科学技术和人类生活中，处处均可遇到磁场，发电机、电动机、变压器、电报、电话、收音机以至加速器、热核聚变装置、电磁测量仪表等，无不与磁现象有关。甚至在人体内，伴随着生命活动，一些组织和器官内也会产生微弱的磁场。因此，室内环境系统设计要尽量避免环境周围电磁场对身体的负面干扰。

3. 能量场物质之——气场物质

(1) 气场：气场的气不是空气的气，"气"是宇宙中最细微的物质，是无形无相的能量，是世界上所有生命的本源。

"气场"是看不见、摸不着，但能被人感知的客观存在。气场不是电场、磁场、电磁场、引力场等已知物理场，而是生命体的一个新的、普遍的场。在我们现在的体系中，任何生命体都有自己特定的"气场"。气场随人的生理状态——生、长、壮、老、病、死而剧烈变化，也随人的心理状态——喜怒哀乐和七情六欲而变化。人的心理状态是受人的意识控制的，所以，人的"气场"因人的意识（或者说意念）之变化而剧烈变化。

(2) 阴阳理论：是"对立统一或矛盾关系"的一种划分，两者是种属关系（图 3-57）。

(3) 阴阳：就是阴气与阳气的合称，事物普遍存在的相互对立的两种属性，阴阳相反相成是事物发生、发展、变化的规律和根源。阴阳代表一切事物的最基本对立面；阴为寒，为暗，为聚，为实体化，阳为热，为光，为化，为气体化。阴中有阳，阳中有阴，冲气以为和。像无形的气分隔了阴阳，使其各居其位。阴阳的位置是不断变化，周而复始的。

图 3-57 太极阴阳图

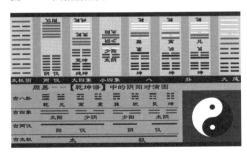

图 3-58 《周易》——"乾坤谱"中的阴阳对演图

阴阳理论已经渗透到中国传统文化的方方面面，包括宗教、哲学、历法、中医、书法、建筑堪舆、占卜等。古人用阴阳范畴表现寒暑、日月、男女、昼夜、奇偶等众多概念，正所谓"一阴一阳之谓道，阴阳不测之谓神。"

在"阴"与"阳"的基础上，圣人将"阴"、"阳"分别呈中断的与相连的线条形状，即"--"与"——"表示，再将其符号三叠而成八种不同形状，分别命名为不同的卦名并拟取相应的象征，称为"八卦"（图 3-58）。

"易，有太极，始生两仪，两仪生四象，四象生八卦，八卦定吉凶，吉凶生大业。"

——《易传·系辞上》

(4) 五行理论：中国古代的一种物质观。最早在道家学说中出现，认为宇宙万物均由木、火、土、金、水这五种基本物质的运行（运动）和变化所构成。它强调整体概念，描绘了事物的结构关系和运动形式。

大自然由这五种要素所构成，随着这五个要素的盛衰，而使得大自然产生变化，不但影响到人生的命运，也使宇宙万物往复循环。如果说"阴阳理论"是一种古代的对立统一学说，"五

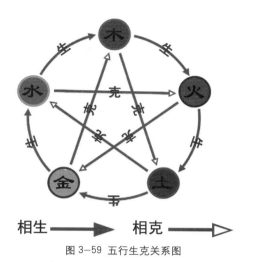

相生 ——▶   相克 ——▷

图 3-59 五行生克关系图

行理论"就可以说是一种原始的普通系统论。

世界上的一切事物，由木、火、土、金、水五种基本物质之间的运动变化生成的。同时，还以五行之间生、克关系阐释事物之间的相互联系，认为任何事物都不是孤立、静止的，而是在不断的相生、相克的运动之中维持着协调平衡（图 3-59）。

相生：培养，滋润，鼓励。

相克：压迫，排挤，残害。

木性温暖

火伏其中

钻灼而生

故木生火

火热焚木，木焚而成灰，灰即土也，故火生土；

金居石依山，聚土成山，津润而生，山必长石，故土生金；

销金亦为水，所以山石而从润，故金生水；水润木能出，故水生木。

—— 隋代 萧吉 《五行大义·论相生》

核心：生即母子关系，无母就无子；当能量被增加时，本体就会旺盛繁衍。

克即敌我关系，敌强我就弱；当能量被减少时，本体就会变弱消失。

关键：物质空间的能量要保持有机更新，就得运动、转换，实现能量平衡与循环之道。通过调整外部物质，来实现身体与精神的调节，保证小宇宙与大宇宙能量共生。

3.2 物学要素的研究途径

1. 自然生态途径

现代社会自然与生态设计的理念日益普及，人类更加关注保护与节约自然资源。地球上的自然资源分以为可再生资源和不可再生资源。要实现人类生存的可持续性，必须对不可再生资源加以保护并节约使用，对可再生资源也要采取保本取息的方式，这样才能实现可持续性发展。

（1）尽量减少包括能源、土地、水等资源的使用，提高使用效率。通过科学的设计减少人工照明、空调使用、节水设计等来减少能源的使用。尽量合理利用自然过程，如光、风、雨等，运用自然元素创造出室内与自然融为一体的环境。

（2）利用废弃的、原有材料、包括植物、土壤、砖石等服务于新的功能，可以大大地节约资源和能源的耗费。

室内设计与装修消耗了大量的资源，面对当下地球资源被过度开发与破坏的现状，我们中国室内设计师要义不容辞地高举自然与生态设计理念的大旗，保护我们共同的家园。

【案例赏析】 "虹夕诺雅"酒店设计

大堰川是古代三朝贵族的游玩之地，"虹夕诺雅"京都酒店在维护这片土地上独自的价值观，生态系统以及文化的同时，完成符合时代发展和现代化进程时的新世界。（图3-60～图3-65）。

图3-60 "虹夕诺雅"京都酒店室外环境　　　　图3-61 "虹夕诺雅"京都酒店室外环境

京都代表日本文化。以渡月桥而著名的岚山是保存了远离高层建筑并具有京都特色景观的场所之一，是对平安王朝时代的文化具有深远影响的度假胜地。从渡月桥乘舟，一边欣赏岚峡雄伟且优雅的景观，一边沿着大堰川逆流而上，大约10多分钟，"虹夕诺雅"京都就出现在眼前。在到达的瞬间，应该就能够体会这里是与外界隔绝的特别的地方。

"揉唐纸"，是将胡粉、印度红、群青、黄土、墨和云母等颜料调和后，涂在有130年历史的版木上，然后向纸上轻轻按压制成的。把通过这一看上去简单但实际上非常精致的手工艺而得到的手感柔软的唐纸使用在房间的床头板或和室的隔扇上。传统技术在"虹夕诺雅"中得到活用的概念具体化的是灯具。在唐纸和漆工艺品等传统的日本美中，有许多是十分重视在昏暗的灯光下如何更美地表现自己。灯具在空间内虽然始终作为配角，但营造的气氛却带给人难以表达的温暖和安全感以及现代生活所遗失、欣赏的光影世界。

在保存有许多历史性建筑物的京都，有一种被称为"漆匠"的工匠。他们使用现代所无法复制的技术和材料，在不损伤原建筑的前提下完全地修复珍贵的建筑物，使其能够留传至后世。工匠师傅把建成已有100多年的传统茶屋式的住宅建筑进行"洗净"，"洗净"是一

图 3-62 京都酒店室内环境

图 3-63 京都酒店室外环境

图 3-64 京都酒店室内环境

图 3-65 京都酒店室内环境

种非常单纯、质朴的重复操作，之后本来看起来破旧的地方也能够恢复其原来的风格，仿佛得到新生。

2. 能量循环途径

世界是由有形和无形的物质组成的，无中生有有还无，说的是有形与无形的物质之间的转换过程。红日东升、玉兔西落；寒来暑往、四时循环；人生一世、生老病死；世界所有的一切都是能量的不断变化与循环的过程。

世界如此，人生如此，室内设计更是如此。

从有形的实体性物质的科学组织与合理规划到无形的风水布局调理和适宜人居的物质能量"场"的营造，这个复杂的过程是室内设计的基础，也是室内设计师设计思想成熟的必由之路。

【案例赏析】住吉长屋 设计：安藤忠雄

安藤忠雄在仅仅 34 平方米的地面上，设计的 65 平方米小住宅构建了多个空间，更为可贵的是他让每个空间都能够感受到明媚的阳光、自然的清风和雨水的倾诉，整个空间的能量自由流动，循环不息，环境虽小却充满了与生态和谐、空间融合的设计理念与热爱自然、坚定执着的人生信念。

这看似容易实则并不简单，无论多么小的物质空间，其小宇宙中都应该有其不可代替的自然景色，都可以创造出一种居住空间丰富的室内人居环境（图 3-66 ~ 图 3-71）。

关键：创造能量充足饱满、能量自然流动、能量自由循环的室内环境，给使用者创造最佳的外部物质环境是对当代室内设计师的基本要求。具备"场"的意识与思想，穿越有形与无形，通过科学经营物学要素系统，创造"场地精神"是室内设计师登堂入室的核心标志。

图 3-66 沿街建筑入口

图 3-67 一楼看庭院

图 3-68 从楼上俯视天井和走廊

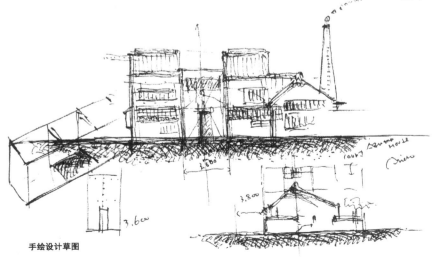

手绘设计草图

图 3-69 设计帅草图

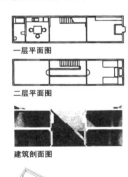

一层平面图

二层平面图

建筑剖面图

等角轴测图

图 3-70 平面、剖图与等角图

图 3-71 从餐厅平视庭院和门厅

3.3 物学要素的研究意义

(1) 物学要素是室内设计系统论的基础内容，也是理论体系中不可分割的重要组成部分。

(2) 物学要素为初学室内设计的人们指明方向，是室内设计专业学习入门阶段必备的理论知识。

(3) 物学要素也从另外的角度展现了当代室内设计理论研究对唯物主义思想的思考与探索。

(4) 物学要素研究的终极意义是实现室内设计的科学性，科学性是物学要素研究的目标与追求。

思考：

1. 室内空间中每个物质存在的根本意义是什么？

2. 针对不同形态的物质在同一空间做虚拟主题设计练习，体会每种物质有什么不同感觉？

3. 思考如何增强室内环境的气场？

第 4 章
室内设计系统论之人学要素

SHINEI SHEJI XITONGLUN ZHI RENXUE YAOSU

人学要素是《室内设计系统论》的根本。

室内设计是为人而存在的，以人为本就是以人的需要为根本出发点。『人』是室内环境的设计者，又是室内环境的使用者，更是室内环境的评判者，这种三位一体的特性决定人学要素必然是室内设计的根本。

——吴青泰

4.1 人学要素的研究内容

首先，研究人类行为、情感、思想活动的规律；其次，通过沟通了解人在特定环境中的最真实的深层次需要；最后，满足服务对象"人"的生存需要与社会性需要。通过研究和关注人的核心需要才能真正创造"以人为本"的室内设计作品。

室内设计是为"人"而存在的，以"物为中心"并进而突出"人"的主体地位是现代设计的根本理念。室内设计主要服务的对象是生活在其中的人，特定的室内环境服务于特定的人群。人是室内环境的设计者，又是室内环境的使用者和评论者，集三重身份于一身的特殊性决定了人学要素在室内设计系统论中的核心地位。

文化性是室内设计系统论人学要素的核心价值体现；适应性是室内设计工程完成后能够获得最广泛支持的有力保证；宜居性是室内设计系统优化的标准。

1. 人和人学的定义是什么？

人这个名词可以从生物性、精神性与社会性三个层面来定义和综合理解。

(1)生物层面上：人被分类为动物界脊索动物门哺乳纲灵长目人科人属智人种，长期穴居。智人意指拥有高度发展的头脑。

(2)精神层面上：人被描述为能够使用各种灵魂的概念，在宗教中这些灵魂被认为与神圣的力量或存在有关。

(3)社会层面上：人被定义为能够使用语言、具有复杂的社会组织与科技发展的生物，尤其是他们能够建立团体与机构达到互相支持与协助的目的。

人学在室内设计系统论中，特指能满足人的活动和需要的知识、规律和学问。

人学的主要特征就是从"现实的人"出发，直接关注当代人类的真实的存在状态和生活状况，关注人的现实需要，关注现实问题的解决途径，关注人的全面需要。

人学要素是室内设计系统论的根本。

2. 人学要素的核心是什么？

人学要素的核心是如何满足与平衡人（个体和群体）的各种需要。

需要：是有机体感到某种缺乏而力求获得满足的心理倾向，它是有机体自身和外部生活条件的要求在头脑中的反映；是指人们缺乏某东西而产生的一种"想得到"的心理状态，通常以对某种客体的欲望、意愿、兴趣等形式表现出来。

需要：是人脑对生存需求和社会需求的反映——即人的物质需要和精神需要两个方面。

它既是一种主观状态，也是一种客观需求的反应。

3. 需要的具体内容有哪些?

《雅典宪章》提出居住、工作、游憩、交通是人在城市生活的四种基本活动。围绕这四种基本活动研究人的物质性需要、精神性需要和社会性需要，我们才能设计出符合室内设计系统论中人学要素需要的室内环境。室内设计系统论中人学要素主要就是研究和解决如何通过室内设计来满足人在室内环境中的各种需要。

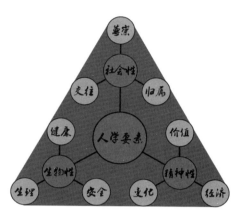

图 4-1 人学要素九种核心需要图谱

（1）生物性需要：满足人类动物性本能活动的需要。如生理、安全、健康、阳光等。

（2）精神性需要：满足人类精神和心灵成长的需要。如变化、经济、价值、奉献等。

（3）社会性需要：满足人与人社会生活联系的需要。如交往、归属、尊崇、成就等。

室内设计系统论将人学要素提炼出九种核心需要，具体内容分别是生理需要、安全需要、健康需要、变化需要、经济需要、价值需要、交往需要、归属需要、尊崇需要（图4-1）。

4. 人学要素的核心需要与人的关系

（1）人学要素的九种核心需要是人类所共有的需要。

（2）当一种需要被满足之后，另一种需要就会出现。

（3）不同价值观决定人对需要排序先后和轻重不同。

（4）每一个人对不同需要的渴望程度都是不一样的。

（5）每一个人对每一种需要也都有不同的等级之分。

4.1.1 人学要素之一——生物性需要

1. 生物性需要之一——生理需要

(1) 什么是生理需要?

生物机体的生命活动和各个器官的机能需求。满足人的生物性、活动性需要。

生理主要研究人的生命活动的基本行为。如吃喝、代谢、繁衍、运动等基本行为。重点研究人的生理尺寸与生命活动流程及规律。

(2) 为什么室内设计要满足人的生理需要?

人是高级动物，但基本属性是生物，所以，生理需要是人的基本需要。也就是说，满足生理需要是室内设计中人学要素的最基本要求。

（3）如何在室内设计中满足人的生理需要？

首先，满足身体尺寸的需要，研究人在各种行为时身体需要的尺寸，由此确定室内设计空间环境中有形存在的物的尺寸。

门的长度与宽度是从人身体的高宽确定的；床的长度、宽度、高度也是从人身体的高宽和小腿的长度确定的；椅子的、桌子的尺寸等都和人身体尺寸有着密不可分的关系（图 4-2、图 4-3）。

其次，满足人各种行为顺序的需要，研究人在室内环境中各种行为的顺序、流程和路线（如：烹饪、吃饭、读书、沐浴、睡眠、会客等），由此确定室内设计的功能分区与空间规划，保证每个子空间在室内环境中各自存在的科学性。（图 4-4、图 4-5）。

最后，综合运用物学要素中的九种物质，为室内不同子空间设计和创造适宜人生理需要的空间环境。

物学要素之中所有的物质都是为满足人的需要而存在的，所以，设计中"以人为本"的核心思维是以人的需要作为根本出发点和归宿。

意大利文艺复兴三杰之一，也是欧洲文艺复兴时期最完美的代表——列奥纳多·达·芬奇在年轻时就仔细研究过人体的比例结构，为其日后成为多才多艺的画家、雕塑家、发明家、医学家、生物学家、地理学家、建筑工程师和军事工程师奠定了坚实的基础（图 4-6、图 4-7）。

2. 生物性需要——安全需要

（1）什么是安全需要？

不受威胁，没有危险、危害、损失的需要。满足人的生理性、保障性需求。如人身

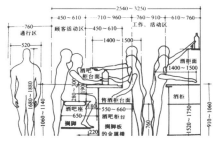

图 4-2 人体工程学研究家具等与人的生理需要

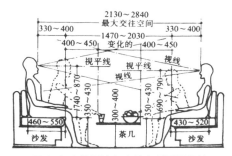

图 4-3 家具设计与人的生理需要相关

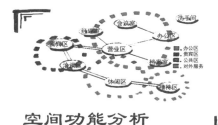

图 4-4 空间功能分析满足人的不同行为生理空间需要

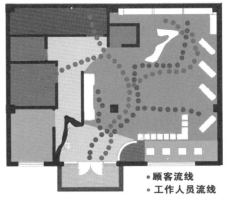

图 4-5 流线分析满足人的行为生理需要

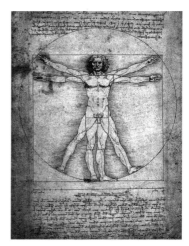

图 4-6 达·芬奇自画像

图 4-7 达·芬奇绘制的人体比例研究图

安全、免遭痛苦、威胁或疾病等。

(2) 为什么室内设计要满足人的安全需要?

从物质层面上讲,我们都需一个能够保障我们人身安全的环境。如:防盗门、防盗窗、楼梯扶手、安全护栏、防滑地砖等(图 4-8 ~ 图 4-11)。

现代室内环境设计中为满足这种安全需要,家具也变得更加人性化。柔软、没有棱角的沙发、茶几、圆角的家具可以让小孩子尽情地嬉戏而不会担心出现撞伤事件(图 4-12 ~ 图 4-14)。

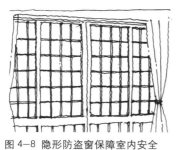

图 4-8 隐形防盗窗保障室内安全

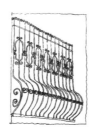

图 4-9 防盗窗

图 4-10 护栏及楼梯扶手

图 4-11 安全防盗门

图 4-12 电视柜圆角处理

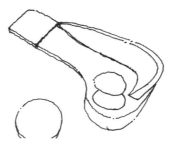

图 4-13 满足安全的沙发和茶几

图 4-14 人性化的家具保证孩子安全

从精神层面上讲，我们都需要对日常生活有一定的稳定性、连续性和可预见性，所以，不断变迁和不可预见的生活环境会让人们处于紧张、缺乏稳定感和安全感的状态。因此，室内设计中追求统一性与重复性在某种意义上讲也是满足精神安全需要的结果。

(3) 如何在室内设计中满足人的安全需要？

首先，外部安全，门窗的防盗、防爆、监控和报警系统保证人身安全和财产安全。

其次，内部安全，消防、疏散设计和水、空气的洁净系统保证环境中人的安全。

最后，细部安全，在家具与玻璃易碰撞处进行圆角和防撞处理，有水的地面要做防滑处理，有高差处设栏杆及扶手等细节，这样才能保证使用者的安全。

3. 生物性需要之——健康需要

(1) 什么是健康需要？

健康是生理上、心理上、社会上的完全安逸状态的需要。用来满足人的舒适性、安逸性的需要。

(2) 为什么室内设计要满足人的健康需要？

人是环境的产物，环境健康对生活在其间的人的健康有密切的影响关系。环境健康是人学要素的基本要求，也是室内设计的重要目标；人是环境的使用者，室内设计最终是为人服务，通过室内设计让使用者生活和工作得更舒适、更健康。

图4-15 绿色室内设计满足人对健康需要的追求1

(3) 如何在室内设计中满足人的健康需要？

外部环境影响能量性物质能够健康循环。如空气质量达标、饮用水质达标等。

内部环境影响实体性质促进人的健康。室内设计中确保在人居环境的物理因素和化学因素都有益于人的健康，采用符合国家标准的、符合环保指标、对人无害的绿色建材，使用防菌、自洁的建材产品，对危害人体健康的有害辐射、电波、气体等的有效抑制。用植物来净化室内空气。如常春藤、铁树可吸收苯，吊兰、芦荟等可吸收甲醛。

(4) 案例赏析——天津桃源居办公室（设计：孙栋平、凌寒）

图4-16 绿色室内设计满足人对健康需要的追求2

原标准层平面的中心部分离四周外墙距离较远，是采光，通风和视野条件相对最不利的地带，新设计的公共生活系统即发生于此区域。这套连续的公共生活系统起始于首层的门厅，结束于三层一个带有天窗的等候区域。其中的垂直绿化墙体三层通高，强化了空间的连续性。生长于其上的植物通过一个自动灌溉系统得到定时浇灌。大量鲜活的植物会使办公室内部的空气质量不断得到改善，并成为每一层办公空间的视觉中心（图4-15～图4-19）。

图4-17 贯穿三层楼的绿植墙不仅满足人的健康需要，也增加空间生命的活力

图4-18 绿色设计的尝试为未来室内设计发展方向做出有价值的探索1

图4-19 绿色设计的尝试为未来室内设计发展方向做出有价值的探索2

4.1.2 人学要素之二——精神性需要

1. 精神性需要之——变化需要

(1) 什么是变化需要？

事物在形态上或本质上产生新状况的需要。满足人的创新性、刺激性、快乐性需要。

(2) 为什么室内设计要满足人的变化需要？

变化就是事物产生新的状况。变化本质上是"生"，不变则是"死"，所以，人长时间重复面对同样的环境会让人感觉枯燥、平淡，甚至心情烦躁，这被称为"死气沉沉"，而不断变化的环境则被称为"生机勃勃"。

人对周围环境的兴趣和愉悦感取决于感觉的两个补充原则：新奇性引发刺激的需求和熟悉的需求。前者是对变化的反应，后者是对不变的反应。人们的感觉在需求变化和新奇的同时，也在规律和重复之中寻找安全。一种包含着意外变化的熟悉模式能够创造令人满意的美学效果。虽然人对美的感受各不相同，引人入胜的统一性和协调性仍是重复的组织原则。

(3) 如何在室内设计中满足人的变化需要？

首先，平面形式变化也会产生丰富的空间变化，曲折的路线可以使步行更加有趣，通过变化多样的路线设计来吸引顾客、增加空间的变化性与趣味性。

其次，利用动感元素设计，喷水、音乐、灯光颜色等都跟随环境而变化，室外环境与室内环境融合又冲突，多元组合在一起，创造梦幻的场景。

最后，设计主题改变人们日常生活状态，带人进入浪漫、新奇、惊险、刺激的旅程。

【案例赏析】——迪斯尼乐园（图 4-20 ～图 4-27）。

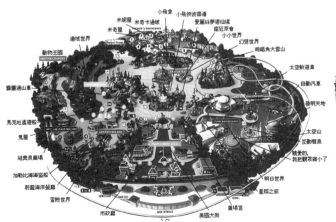

图 4-20 复杂多变的平面布局满足人对变化性的需要 1

图 4-21 复杂多变的平面布局满足人对变化性的需要 2

图 4-22 迪斯尼乐园建筑外观，满足人对新奇、历险等的
变化需要 1

图 4-23 迪斯尼乐园建筑外观，满足人对新奇、历险等的
变化需要 2

图 4-24 迪斯尼乐园室内环境，满足人对新鲜、刺激等的
变化需要 1

图 4-25 迪斯尼乐园室内环境，满足人对新鲜、刺激等的
变化需要 2

图 4-26 迪斯尼乐园景观环境——童话中的场景，满足人
对浪漫、幻想等的变化需要 1

图 4-27 迪斯尼乐园景观环境——童话中的场景，满足人
对浪漫、幻想等的变化需要 2

2. 精神性需要之——经济需要

(1) 什么是经济需要？

耗费少而收益多的需要。满足人的节约性需要与合理性需要。

经济就是用较少的人力、物力、财力、时间、空间获取较大的成果或收益。它主要关注资源投入和使用过程中成本节约的水平和程度以及资源使用的合理性。

(2) 为什么室内设计要满足人的经济需要？

无论是家庭、酒店、办公，还是商业空间，任何一个室内设计项目投资都是有限而不是无限的，尤其是商业空间室内设计，投资人更多的关注其商业价值，更关注投资回报的时间和比例。任何投资人的耐心都是有限的，都想尽快收回投资，因此，在限定资金投入的条件下，能做超出想象的效果就是一个设计师成熟的表现。

(3) 如何在室内设计中满足人的经济需要？

首先，设计师必须熟知各种材料市场价格，还要有创新思想，研究如何通过设计创意将廉价材料与废旧材料变废为宝（图 4-28 ～图 4-31）。

图 4-28 英国伦敦 废旧材料建成的"水母剧院"　　图 4-29 旧物变灯具 1　　图 4-30 旧物变灯具 2　　图 4-31 废品变成艺术品

其次，必须了解预算知识、施工工艺、人工成本等，能够将投资控制在预算之内。

最后，懂得投资与经营，精准的市场定位和策划分析是室内设计经济性的保障。

【案例赏析】——BrandBase 公司 (设计 MOST Architecture)

用临时性装置装饰新办公室的目的很明显，创意设计总监 Marvin Pupping 与新锐建筑事务所 MOST Architecture 为了凸显环保材料重复利用的可靠性，最终选用货运栈板。

改变了材料本身特性的栈板被设计成了办公室内一个具有经济性、开放性、个性同时还兼具功能性的装置。装置设计在靠近工作区的位置，整个原件能够给人提供站、坐以及躺的功能。栈板结构组合了整个空间，开放的特性给栈板在双向 20 厘米的格栅内进行布置提供了更多的选择与可行性（图 4-32 ～图 4-38）。

图 4—32 BrandBase 公司开敞办公室栈板办公桌

图 4—33 BrandBase 公司设计室

图 4—34 俯视栈板楼梯

图 4—35 仰视栈板楼梯

图 4—36 平视栈板楼梯

图 4—37 BrandBase 公司二楼办公室

图 4—38 BrandBase 公司会议室

3. 精神性需要之——价值需要

（1）什么是价值需要？

个人对于自己认为重要的或有价值的事，力求达成的欲望和渴求。

（2）为什么室内设计要满足人的价值需要？

每个人都有自己的价值观。每个人的核心价值观决定自身的感受、判断、决策和行为。满足客户核心价值需要的设计会马上被认可和推崇，让设计师的劳动价值迅速实现。

（3）如何在室内设计中满足人的价值需要？

首先，了解真实、美丽、自然等人类永恒的价值观，挖掘客户核心价值与思想。

其次，室内价值需要的源泉在于使用主体的情感，要注重个体亲身体验与感受。

最后，理解使用主体的信念、理想、标准、关系、倾向、爱好、决策方式等，这些看不见、摸不着的东西在背后支配人的所有决策和行动（图4-39）。

价值需要是一个既深奥又微妙的概念，其精神实质甚是难以领悟，所以，理解价值就要深入人类内心世界，洞悉人性的核心需要。

图4-39 真、善、美是人类永恒的价值观

【案例赏析】绿色环保的蜗居（设计师 Gabriela Gomes）

创造一个适合居住的模块，而非我们现有社会单一形态的公寓和别墅，不需要使用钢筋混凝土结构，并能随处挪动的房子 （图4-40～图4-45）。

图4-40 可以移动的房子表达热爱自由的价值观1

图4-41 可以移动的房子表达热爱自由的价值观2

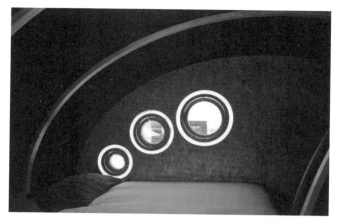

图 4-42 绿色建材表达热爱自然的价值观

图 4-43 卫生间

图 4-44 绿色蜗居的卧室

图 4-45 洗手间

能挪动的房子体现设计师追求"自由"的价值观；使用非污染和再生材料（OSB － 定向刨花板、工程人造板、隔热、隔声和抗振动、软木墙板等），利用太阳能和 LED 照明等技术均表达了设计师对环境可持续性发展的关注和热爱"自然"的价值观。

内部空间划分为两部分，一间双人房和一间浴室和卫生间；这个空间非常舒适，不会给人以拥挤或压抑的感觉，同时空间的划分有着绝对的私密性，适合情侣居住。

4.1.3 人学要素之三——社会性需要

1. 社会性需要之——交往需要

（1）什么是交往需要？

人类特有的存在方式和活动方式，是人与人之间发生社会关系的一种中介，是以物质交往为基础的全部经济、政治、思想文化交往的总和。交往需要就是个人想与他人交流感情、沟通信息、互相帮助的需要。

(2) 为什么室内设计要满足人的交往需要？

《马丘比宪章》认为人的相互作用与交往是城市存在的基本依据。

人的本质属性是社会性。人生来就想与他人亲近、来往，希望得到别人的赞许、关心、爱护、接受、支持与合作。交往需要包括对友谊、爱情以及隶属关系等的需要。每个人都生活在一定的社会关系之中，人的本质就是人与其社会关系的综合，而建立社会关系的主要渠道就是交往，所以说，室内设计的本质就是创造并满足人在各种交往时所需要的不同环境。

(3) 如何在室内设计中满足人的交往需要？

根据人在不同时空体系下的各种需要，有针对性地合理规划、设计空间的围合方式，满足人的不同交往需要；对室内开放性共享空间进行重点设计；促进社会性交往的发生。

开放性空间：人在交往时，完全共享、公开的共享空间及环境。如酒店大堂、办公大厅、商场中庭等。

半开放空间：人在交往时，可以被人看到，有基本的声音屏蔽需要。一般用半围合或半通透的方法分割区域，如玻璃隔断、窗纱等。

封闭性空间：人在交往时，不想被第三方看到、听到、打扰，需要私密性极高的室内空间。一般用完全封闭式隔断围合，如像卧室、包房、客房等空间。

人在同一空间中徜徉、流连，就会自然引发各种社会性交往活动。在公共空间中驻足是重要的，关键是停留。人在开放性的共享空间都会互相接触、对视、交流，因此，共享空间对空间设计质量和丰富性要求更高，已经成为室内设计的灵魂和魅力所在。

【案例赏析】广州四季酒店（设计：HBA/Hirsch Bedner Associates）

广州四季酒店位于风光旖旎的珠江河畔，在楼高103层的广州国际金融中心主塔楼顶部的30层。建筑独特瞩目之处为下阔上窄的三角锥形大楼，引人注目的结构系统及对角网格线，以及宏伟的中空大堂从70层直穿100层，气派非凡，让您莅临于此犹如漫步云端。酒店中开放空间、半开放空间、私密空间为客人不同的交往需要提供了便利（图4-46～图4-52）。

图4-46 广州四季酒店开放空间（中庭、大堂）为人们提供自由交流、互动、共享的场所1

图4-47 广州四季酒店开放空间（中庭、大堂）为人们提供自由交流、互动、共享的场所2

图4-48 广州四季酒店开放空间（中庭、大堂）为人们提供自由交流、互动、共享的场所3

图 4-49 广州四季酒店半开放空间（休闲区、大堂吧）为人们提供相对安静的交往空间 1

图 4-50 广州四季酒店半开放空间（休闲区、大堂吧）为人们提供相对安静的交往空间 2

图 4-51 广州四季酒店封闭性空间（客房、包房）为人们提供私密性较高的交往空间 1

图 4-52 广州四季酒店封闭性空间（客房、包房）为人们提供私密性较高的交往空间 2

2. 社会性需要之——归属需要

（1）什么是归属需要？

个人自觉被别人或被团体认可与接纳的需要。满足人的识别性、确定性、文化性。

（2）为什么在室内设计要满足人的归属需要？

文化归属性需要是人类心理成分起作用的最基本力量之一，是创造并保持了我们可识别性的需要。大而言之，面对文化趋同的危机，通过深入挖掘本土传统文化、开放吸纳世界各地文化，重新构建中华文化在当代的群体精神信仰；小而言之，根据室内空间的使用性质、主体人群的不同背景确定设计的基调，满足人的存在感和归属需要。

（3）如何在室内设计中满足人的归属需要？

首先，系统地研究人的归属需要有哪些类型，如何在设计中满足人的各种归属需要。

其次，分析使用主体的特征和归属需要类型，明确服务对象的核心归属需要。

最后，在室内设计中，对使用主体"人"的核心归属需要进行创造性的诠释和表达。

1）文化归属需要：主体人群的国别、民族、职业、身份、文化、兴趣、价值观取向等决定其文化归属。

2）时代归属需要：对历史符号和时尚潮流的把握，室内设计既要反映时代主旋律的特征，同时也要展现人们对未来的生活方式和社会发展趋势的思考。

3）地域归属需要：尊重设计项目所在地的本土文化和当地自然特征，室内设计要展现其地域的自然特征和独特的地域文化。

4）民族归属需要：世界上每个民族在其历史形成过程中都沉淀了自己独特的价值观和审美观，除图腾的形式、图案、营造法式之外，更重要的是民族的精神与信仰。

【案例赏析】北京故宫

北京故宫旧称紫禁城。于明代永乐十八年（1420年）建成，是明、清两代的皇宫，无与伦比的古代建筑杰作，世界现存最大、最完整的木质结构的古建筑群。

故宫是严格按照《周礼·考工记》中"前朝后寝，左祖右社"的帝都营建原则建造的。整个故宫，建筑布置上的一砖一瓦都表现着皇权至上的中心思想。用形体变化、高低起伏的手法，组合成一个整体，四周由城墙围绕。四面由筒子河环抱，城四角有角楼，城墙上开有4门，南有午门，北有神武门，东有东华门，西有西华门，城墙四角，还耸立着4座角楼，角楼有3层屋檐，72个屋脊，玲珑剔透，造型别致，为中国古建筑中的杰作。

故宫宫殿沿一条南北向中轴线排列，三大殿（太和殿、中和殿、保和殿）、后三宫（乾清宫、交泰殿、坤宁宫）、御花园都位于中轴线上。并向两旁展开，南北取直，左右对称。这条中轴线不仅贯穿在紫禁城内，而且南达永定门，北到鼓楼、钟楼，还贯穿了整个城市，气魄宏伟，规划严整，极为壮观。

故宫文化从一定意义上说是经典文化，经典具有权威性、不朽性、传统性。故宫文化具有独特性、丰富性、整体性以及象征性的特点。同时，她与今天的文化建设是相连的。

对于任何一个民族、一个国家而言，经典文化永远都是其生命的依托、精神的支撑和创新的源泉，都是其得以存续和赓延的经络与血脉（图4-53～图4-60）。

太和殿俗称金銮殿。太和殿在故宫的中心部位，是故宫三大殿之一。

明永乐十八年（1420年）建，初名奉天殿，明嘉靖四十一年（1562年）改名皇极殿，清顺治二年（1645年）始称今名。

现存建筑为康熙三十四年（1695年）重建，建在高约2米的汉白玉台基上。台基四周围绕石栏，有云龙云凤望柱1488根，前后各有3座石阶，中间石阶以巨大的石料雕刻有蟠龙，衬托以海浪和流云的"御路"。殿面阔11间，进深5间，重檐庑殿顶，高35.05米，宽约63米，面积2377平方米。殿内有沥粉金漆木柱和精致的蟠龙藻井，富丽堂皇。

殿前的双龙戏珠御路石，其珠为吉祥如意珠，双龙之中，一个代表天帝，另一个代表帝王，帝王受天之命，合天之意，务使中国风调雨顺，国泰民安。双龙下面的山海图案乃象征江山永固。

殿内金色的九龙宝座和屏风安置在高约2米的金色台基之上，并置于六根盘龙金柱之间，以突出帝王唯我独尊之地位。九龙宝座用楠木雕龙、髹金而成，"须弥座"式，为皇帝的御座。

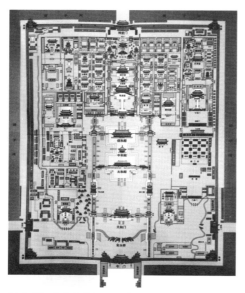

图 4-53 北京故宫平面示意图

九条龙，昂首矫躯，大有跃然腾空之势，极为精美生动。

一对宝象，用铜胎珐琅镶嵌宝石制成。象有高大威严，稳如泰山之势。据神话传说，宝象能通四夷之语，身驮宝瓶，内盛五谷或吉祥之物，可带来农业丰收和社会太平。所以含有五谷丰登，吉庆有余，或太平景象之意。

"轩辕镜"装设于殿顶天花板的中部，是个饰有蟠龙"藻文"的井形建筑，称为"藻井"。在藻井"明镜"部位中央，有一浮雕蟠龙，口衔一球（铜胎中空，外涂水银），

图 4-54 北京故宫午门

图 4-55 北京故宫建筑太和殿

图 4-56 北京故宫门窗细部

图 4-57 北京故宫九龙宝座

图 4-58 北京故宫大门细部设计

图 4-59 北京故宫乾清宫内景

此球即为"轩辕镜"。据传说，它是由中国远古时代的轩辕氏黄帝制造的，为中国最早的镜子（实为清室所制）。悬球与藻井中的蟠龙联系一起，构成"游龙戏珠"的美妙形式。轩辕镜悬挂于帝王御座的上方，以表明中国的历代皇帝都是轩辕氏的后裔子孙，是黄帝的正统继承人。

地上所铺称为金砖，其实是殿内所铺方砖，共计 718 块，产自苏州等地。据说此砖制作成坯，需烧制八个月，更难的是要用各种柴草烧炼 136 天，再用桐油浸泡百日方可成品。产品需"敲之有声，断之无孔"才可采用。此砖表面淡黑、油润、不涩不滑，具有坚固耐磨、越磨越亮等特点。

图 4-60 北京故宫交泰殿室内

　　太和殿红墙黄瓦，是故宫最壮观的建筑，也是中国最大的木构殿宇。

　　太和殿是举行大典的地方，明清两代皇帝登基、宣布即位诏书，皇帝大婚，册立皇后，命将出征，每年元旦、冬至、万寿（皇帝生日）等节日都要在此接受百官的朝贺并赐宴。

3. 社会性需要之——尊崇需要

(1) 什么是尊崇需要？

人被尊重、被推崇；展现庄严、高大、尊贵的需要。满足人的独特性、身份性需要。

(2) 为什么在室内设计要满足人的尊崇需要？

人都希望自己拥有成就；

人都希望自己可以实现自我价值；

人都希望自己被认可、被肯定、被尊重、被推崇。

(3) 如何在室内设计中满足人的尊崇需要？

首先，室内设计的创意要与众不同、独一无二；

其次，室内设计的风格要大家风范、彰显身份；

最后，室内设计的空间要专属服务、量身定做。

室内设计中个人收藏、展示空间、私人 VIP 等空间的设计都是满足人的尊崇需要，甚至在家居空间的设计中，对客厅背景墙的浓墨重彩也都是为满足主人的尊崇需要而准备的。

【案例赏析】——法国凡尔赛宫

凡尔赛宫是古典主义风格的建筑，立面为标准的古典主义三段式处理，即将立面划分为纵、横三段，建筑左右对称，造型轮廓整齐、庄重雄伟，被称为是理性美的代表(图4-61～图4-67)。

法国凡尔赛宫内部装潢则以巴洛克风格为主，少数厅堂为洛可可风格。

图 4-61 法国凡尔赛宫版画

镜厅是凡尔赛宫最著名的大厅，由敞廊改建而成。长 73 米，高 12.3 米，宽 10.5 米，一面是面向花园的 17 扇巨大落地的玻璃窗，另一面则是由 483 块镜子组成的巨大镜面。镜廊拱形天花板上是勒勃兰的巨幅油画，挥洒淋漓，气势横溢，展现了一幅幅风起云涌的历史画面。厅内地板为细木雕花，墙壁以淡紫色和白色的大理石贴面装饰，柱子为绿色大理石。柱头、柱脚和护壁均为黄铜镀金，装饰图案的主题是展开双翼的太阳，表示对路易十四的崇敬。天花板上为 24 盏巨大的波希米亚水晶吊灯，以及歌颂太阳王功德的油画。路易十四时代，镜廊中的家具以及花木盆景装饰也都是纯银打造，经常在这里举行盛大的化装舞会，尽显皇家气派和奢华风范。

图 4-62 法国凡尔赛宫建筑外观

图 4-63 法国凡尔赛宫建筑立面细部

图 4-64 法国凡尔赛宫镜厅室内

图 4-65　法国凡尔赛宫－阿波罗厅室内

图 4-66　法国凡尔赛宫－礼拜堂室内

图 4-67　法国凡尔赛宫室－赫伦基姆湖宫"天堂卧房"室内

4.2 人学要素的研究途径

对"人"的定义为我们指明了研究人学要素的三个途径：生物性、精神性和社会性。以人为出发点，研究人在生理行为活动、心理精神活动和社会交往活动中的规律。

(1) 生物性途径：如人体工程学、人类行为学等。

(2) 精神性途径：如人类心理学、马斯洛需求层次论等。

(3) 社会性途径：如文脉主义、地域文化、符号学等。

4.3 人学要素的研究意义

(1) 人学要素是室内设计系统论核心内容，是室内设计系统论理论体系不可分割的重要组成部分。

(2) 人学要素为学习室内设计的人们指明了方向，是室内设计专业学习登堂入室的核心思想与必备理论。

(3) 人学要素也从另一个角度展现了当代室内设计理论研究对满足人本主义思想的思考与不断探索。

(4) 人学要素研究的终极意义是实现室内设计的文化性，文化性是人学要素研究的核心与内涵。

思考：

1. 在室内设计中，人的需要还有有哪些类型？

2. 室内空间中每个物质的存在分别满足了人的什么需要？

3. 如何让每个物质可以更好地满足人的核心需要？

第5章

室内设计系统论之美学要素

SHINEI SHEJI XITONGLUN ZHI MEIXUE YAOSU

美学要素是《室内设计系统论》的关键。

美看似无处不在，美又似乎仅在心中；

美是难以言说的感觉，美又是真实、客观的存在。美学要素之核心九篇，系统地阐述了《室内设计系统论》的美学整体观，是室内设计的关键。

——吴青泰

5.1 美学要素的研究内容

我们对室内设计系统论之美学要素的研究，是从美学的"有形"到"无形"、从美学之"道"再到美学之"器"、从"形而下"再到"形而上"，综合论述室内设计系统论中美学要素的客观实在；从视觉形式美学到空间体验美学；从物质生活的质量与品位到精神生活的追求与意境；室内设计系统论中的美学要素更加关注室内设计系统的艺术整体性。

美：是人对自己的需求被满足时所产生的愉悦反应，即对美的反应。

美学：是从人对现实的审美关系出发，以艺术作为主要对象，研究美、丑、崇高等审美范畴和人的审美意识、美感经验，以及美的创造、发展及其规律的科学。美学是以美的本质及其意义的研究为主题的科学。

美学要素是室内设计系统论的关键。

美学要素也像人一样，有身体、心智和灵魂，是完整的一个子系统。

室内设计系统论之美学要素可以概括为九大核心，具体内容分别是布局、空间、造型、形质、色彩、陈设、光影、艺术、意境（图5-1）。

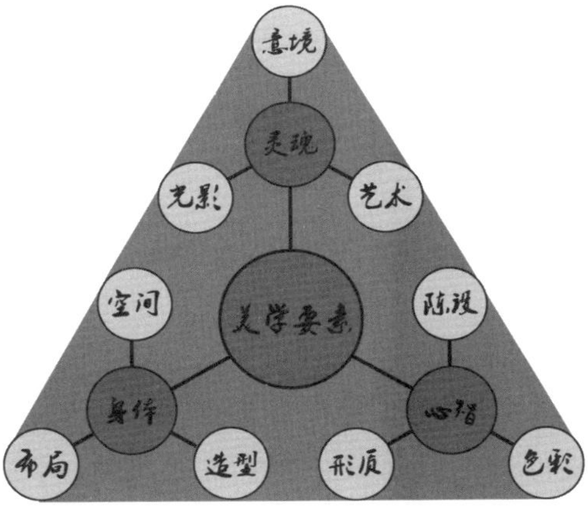

5.1.1 美学要素之——身体

1. 美学要素之格局——布局篇

图5-1 美学要素九大核心板块图谱

(1) 什么是布局？

布局是对事物的全面规划和安排。在室内设计中，特指平面功能规划与空间流线的组织。

(2) 为什么在美学要素设计中要研究布局？

1) 明确划分室内空间的功能区域，使每个空间的功能满足使用者的要求。

2) 水平与垂直流线设计满足人在其中的活动和疏散等需要。

3) 平面布局对空间体量的形成产生重要的影响。

(3) 如何构思室内设计的布局，规划科学、美观的室内格局？

1) 明确使用者对空间性质的需求，确定空间主体功能区的位置分布。

2) 明确具体空间的性质和数量，按照人的行为习惯顺序组织空间流线。

3) 根据每个空间的使用人数、家具数量和布局需要确定空间的大小。

4）反复调整平面布局，直到功能合理、流线通畅、空间体量合宜为止。

【案例赏析】苏州博物馆新馆——贝聿铭 设计作品

苏州博物馆新馆面积 8000 多平方米，平面布局分为三部分：中心部分是入口处、大厅和博物馆花园；西部为展区；东部为现代美术画廊、教育设施、茶水服务以及行政管理功能区等，该部分还将成为与忠王府连接的实际通道。

大厅是博物馆的核心，位于入口的前庭与博物馆花园之间，它是所有参观者的导向，并为进入博物馆各个展区提供通道。除了字画、双塔瑰宝、明清瓷器和苏州工艺美术品展区外，还将布置特色家具展区，以强调苏州丰富的艺术和文化传统。在人流路线的终点处安排一个宋代书斋的复制品，主要展示当年的工艺品和家具。字画展区设在自然采光的八角形大厅的二楼。现代美术作品设在博物馆花园东边的一个特别展区里。由于地块大小、高度的限制以及博物馆设计规划的要求，相当一部分的博物馆功能空间安排在地下室，游人可以通过室内荷花池上方的悬臂楼梯到达地下室。新石器时代和吴文化文物的展厅、影视厅、多功能厅、卫生间、藏品储藏库、各种行政管理和博物馆内部用房、机械设备用房、停车库以及装卸区域都安排在地下室。

在整体布局上，博物馆新馆巧妙地借助水面，与紧邻的世界文化遗产拙政园、全国重点文物保护单位忠王府融会贯通，成为两者建筑风格的延伸和现代版的诠释（图 5-2～图 5-17）。

图 5-2 博物馆主入口

图 5-3 展厅主入口

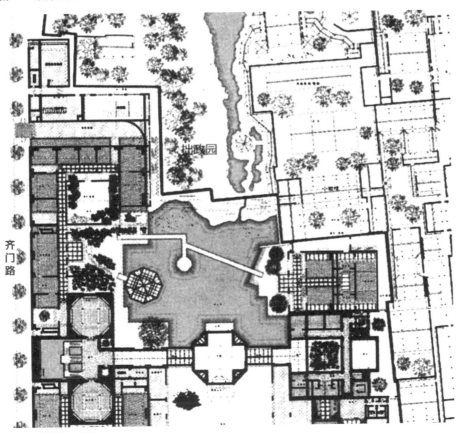

图 5-4 平面布置图

图 5-5 通往湖心亭的竹林小径

图 5-6 池塘看博物馆主体建筑

图 5-7 苏州博物馆展厅门厅

图 5-8 庭院植物景观

图 5-9 以片石切割的手法堆放出一组立体的山水画

图 5-10 庭院内修竹几棵、鱼池一片，尽显天人合一的
生活态度

图 5-11 室内庭院，紫藤爬满金属结构

图 5-12 荷塘映像——真实的荷花与金鱼在虚幻的建筑投影里共舞

图 5-13 灵感源自宋代画家米芾抽象的山水画，"以壁为纸，以石为绘"，以片石切割的手法堆放出一组立体的山水画

图 5-14 金属遮阳片和怀旧的木作构架在玻璃屋顶之下被使用，形成通透丰富的效果

图 5-15 光线的层次变化，让人感觉如诗如画，妙不可言

图 5-16 苏州博物馆新馆室内借景室外的设计 1

图 5-17 苏州博物馆新馆室内借景室外的设计 2

2. 美学要素之气韵——空间篇

(1) 什么是空间？

空间是指能够包容所有物理实体和物理现象的场所，哲学上讲，是三维的，具有容纳物质存在与运动的属性。

空间是运动的存在和表现形式。运动有两种具体的表现形式，行为和存在。行为是相对彰显的运动，存在是相对静止的运动。

空间的本质是空无，空间可独立于物质、意识之外而存在，空间既不是物质，也不是意识。这就是空间的真实性、客观性和非物质性。空间的不变性和不干涉性。因为空间的本质是空无，与具有质量或能量的物质不同，空间只有体量。空间的永恒性。空间既真实存在而又不会变。空间的可分性、连续性、无限性。由于空间的本质是空无，所以对于任意给出的局部空间，都可以不受限制地任意分割为更小的局部空间。

(2) 为什么在美学要素设计中要研究空间？

"三十辐，共一毂，当其无，有车之用。埏埴以为器，当其无，有器之用。凿户牖以为室，当其无，有室之用。故有之以为利，无之以为用。"

——— 老子《道德经》（图5–18）

古代造作大木车的车毂，它的中心支点只是一个小圆孔。由中心点小圆孔向外周延，共有三十根支柱辐辏，外包一个大圆圈，便构成一个内外圆圈的大车轮。由此而能担当任重道远的负载，旋转不休而到达目的地。以这种三十辐凑合而构成一个大车的轮子来讲，你能说哪一根支柱才是车轮载力的重点吗？每一根都很重要，也都不重要。它们是平均使力，根根都发挥了它的伟大功能而完成转轮的效用。但支持全体共力的中心点，却在中心的小圆孔。可是它的中心，却是空无一物，既不偏向支持任何一根支柱，也不做任何一根支柱的固定方向。就是因为这些空的地方才能使它当轮子用，才能活用不休，永无止境。

图 5–18 老子，原名李耳，字伯阳，是中国古代伟大的哲学家和思想家

埏（音shān，动词，用水和土之意）：指捏土。埴（音zhí，名词，细腻的黄黏土之意）：

指黏土。糅和陶土做成器皿，有了器具中空的地方，才有器皿的装载盛满的作用和容纳物品的价值。户是室内的门，牖是窗窦。要建造房屋，必须要留出空洞装门窗，人才能出入，光线、空气才能流通，有了门窗四壁内的空虚部分，房屋才能有居住的作用。所以，"有"给人便利，"无"发挥了它的作用。

（3）如何构思室内设计的空间，塑造气韵生动的空间？

空间是研究由物质围合而形成的空间的规律。通常包括序列、围合、尺度、体量、层次等因素。

1) 空间序列分析

依据格式塔心理学的"完形理论"和人的视觉生理规律，视觉是人主要的感觉通道，占全部感觉 60%。空间体验的整体印象由运动和速度相联系的多视点空间图像复合而成，不是简单叠加。

室内设计中我们经常选择人们运动集中的主要路线，利用路线上的多视点构图分析空间艺术和构成方式。理解空间不仅需要看，还应该运动穿过空间、体验空间！所以，好的室内设计会对人流的路线进行行为过程的感受性分析。设计师经常根据想像中"人"的内心情感的变化进行室内的空间设计。如空间的开始、过渡、蓄势、高潮和尾声等空间节点。因此，室内空间设计不是静态情景，而是一种空间意识的连续与统一。

2) 空间节点分析

在室内设计空间序列的组织中，对重要的空间，尤其是入口空间、共享空间等公共开放性复合空间要做重点处理，因为，节点在空间中的影响范围很大。我们的内心感觉会受到所体验和希望体验的东西的影响。一般而言，室内入口的公共空间和高潮阶段的共享空间的设计尺度和体量要大些，它们是空间的主角，是室内空间设计中的灵魂。

埃克博说："我们极目所视的地方，图形都是连续的，连续性和特征性的平衡非常重要，要建立视觉的等级和次序才能避免单调和混乱"。所以，要有合理和美感的空间过渡与渗透，过渡空间及附属子空间与主要空间节点的统一与和谐也是非常重要的。

3) 空间体量分析

空间的层次要适合人的心理健康，功能可变换并安排灵活舒适的空间隔断。室内空间的体积，包括室内空间的长度、宽度、高度。不同长、宽、高形成的空间与人的体量对比后形成人对空间的不同主观感受，或宽阔宏伟，或高耸神圣，或低矮压抑，或扁平舒缓，总之，空间的长、宽、高与人的对比决定着空间的体量，体量决定着空间的气韵。

【案例赏析】杨子荣纪念馆——吴青泰 设计作品（图 5-19 ～图 5-27）

首先，空间序列设计解决了空间的流线问题。

我们用一条主线将所有与杨子荣密切相关故事与情节连在一起，构建了序厅"白山魂"→时代背景"挺进东北"→地域真实场景复原"林海雪原"→人物主要战斗经历"杏树林战斗

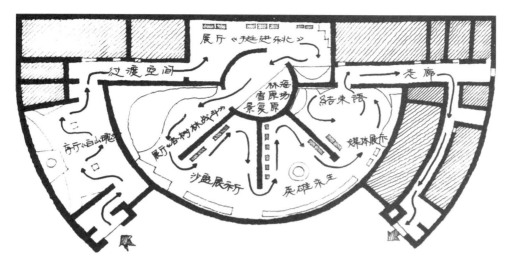

图 5-19 杨子荣纪念馆平面图

全景画"→真实沙盘及史料展示"斗智斗勇，智擒匪首"→故事结束"英雄永生"→结束语及英雄艺术风采"历史回音"这样一个"剧本"，以确保功能合理，动线流畅。

其次，空间节点设计注重功能与形式的统一，将展示内容与空间进行对话。

空间组合要把空间的起、承、转、合与人物的生平关联起来，收放自如，张弛有度。把握重要的空间节点，序厅是整个纪念馆空间的灵魂，是奠定展厅整体艺术基调的空间，处理手法必须强化。人物的重要事件要放在空间的高潮，它是空间的重要的节点和亮点，必须画龙点睛。如杏树林战斗是杨子荣一生的重要事件，我们对其进行了强化处理。

最后，空间体量设计增加了空间的对比和变化。

杨子荣纪念馆，我们强调体量上大气、雄浑的整体空间感觉。在过渡空间的设计上，我们在序厅和展厅中设计了一段狭长的、相对低矮的空间，使观众在序厅宏伟、强烈的震撼中舒缓下来。简约、宁静的空间在净化人心灵的同时，蓄势空间的能量，成为后面高潮的铺垫，纯净的过渡空间带给人更多的遐想与期待，激发人不断前行与探索的欲望。

图 5-20 序厅 "白山魂" 室内设计

图 5-21 挺进东北展厅室内设计

图 5-22 连接序厅与展厅的走廊成为过渡空间，为空间高潮的设计积蓄能量

图 5-23 林海雪原展厅室内设计

图 5-24 林海雪原展厅实景照片

图 5-25 杏树林战斗全景画展厅实景

图 5-26 英雄永生展厅实景

图 5-27 英雄永生展厅实景

3. 美学要素之骨骼——造型篇

(1) 什么是造型?

造型是创造出来的物体的形态,室内设计中指有三维特性与体积的立体型态设计。

造型艺术是占有一定空间并构成有美感的形象,使人通过视觉来欣赏的艺术。

(2) 为什么在美学要素设计中要研究造型?

就室内空间而言,塑造立体空间的围合界面形态就是造型。它的存在将室内空间的形态确定下来,也就是说,室内空间与室内界面造型互为补充形态,像太极阴阳鱼一样,空间形态就是造型形态的凸凹互补形态关系。我们说的造型是室内空间存在的必备基础,造型的美丑也与空间形态的美丑紧密相关,所以,一定要让室内设计的造型具有美感和艺术性。

(3) 如何推敲室内设计的造型,构建空间的骨骼和框架?

1) 主题性:根据室内总体设计风格,选择符合空间主题的造型语言,如中式传统风格可选择斗栱等代表中国古典建筑构件来演绎。

2) 逻辑性:室内造型语言选择具有内在的逻辑性,形与型之间有联系和呼应。

3) 整体性:造型设计要讲究主从关系,重点突出,层次清晰,结构明确。

【案例赏析】 朗香教堂——勒.柯布西耶 设计作品

朗香教堂的设计对现代建筑的发展产生了重要影响,被誉为 20 世纪最为震撼、最具表现力的建筑。

朗香教堂造型奇特,平面不规则,平面几乎全是曲线,墙体有的还倾斜。塔楼式的祈祷室外形像座粮仓,建筑造型设计和建筑形体的塑造就像凝固的音乐(图 5-28 ~图 5-40)。

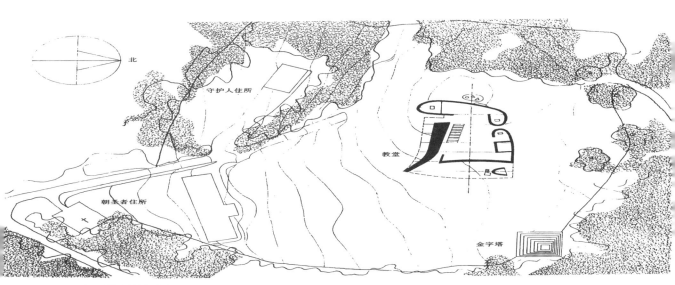

图 5-28 朗香教堂总平面图

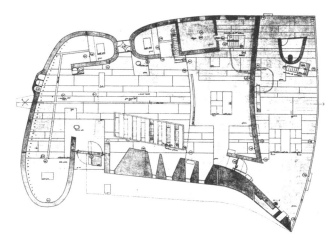

图 5-29 朗香教堂建筑与室内平面图

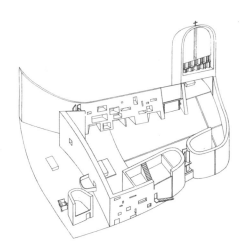

图 5-30 朗香教堂轴测图

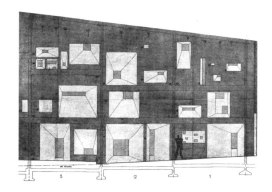

图 5-31 朗香教堂剖面图

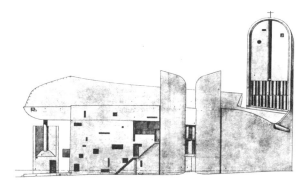

图 5-32 朗香教堂北外立面图

图 5-33 朗香教堂南立面造型

图 5-34 朗香教堂东南面外观造型

图 5-35 朗香教堂北立面外观造型

图 5-36 朗香教堂东立面室外祭台

图 5-37 朗香教堂排水口造型

图 5-38 朗香教堂室内 1

图 5-39 朗香教堂室内 2

图 5-40 朗香室内窗口造型实景

5.1.2 美学要素之二——心智

1. 美学要素之表皮——形质篇

(1) 什么是形质？

"形"就是形状、形式、样子，"质"就是质地、质感、底子。

形是看得见的物质层面的不同排列形成美的形式规律，它通常包括构图、图案等。

质是感受到的物质的质地和触感，它通常包括质感、肌理等因素。如光滑、粗糙，坚硬、柔软等。

(2) 为什么在美学要素设计中要研究形质？

1) 形式与质感在人与室内环境近距离接触时，会产生最直接的影响。

2) 形式包含的符号承载特定的文化与精神内涵，好的形式符号与图案设计可以让室内空间具有独特的表面效果。

3) 质感设计不仅通过视觉还通过其他感官综合影响人的情绪、情感与空间认知。

(3) 如何构思室内设计的形质，通过表皮传达细腻的情感？

1) 几何分析法

研究几何形式（如矩形、三角形、圆形等）和自然形式，用几何法分析不同的排列组合、分割分离、放大缩小产生不同的形式效果，如：设计大师贝聿铭就经常用三角形做不同组合的几何设计。具有象征的形式给人一种特定的内涵，它能增加设计的神秘色彩。

2) 形式美法则

形式美通常包括主从、均衡、对比、微差、节奏、韵律等因素，它是变化的活力和秩序的严谨、完美的结合。形式美对形成室内空间的气质有着重要的作用。多样统一是形式美法则共同遵守的规律，透过物的形与质，研究其本身内在的组合规律。

3) 设计符号学

符号既有感觉材料，又有精神意义，二者是统一的。艺术是我们的思想感情的形式符号化的语言。每个造型艺术形象，都是一个有着特定含义的符号或符号体系，符号便于理解艺术作品的精神内涵，便于理解空间艺术形象；符号的统摄功能具有生成人性情感认知和塑造人类文化的作用。

4) 情感设计法

质感能让人将对美的视觉感受扩充到触觉，甚至直觉体验，它能增加室内的细微变化并表达细腻的情感。质感是室内设计表达情感的直接手段和细节体现。用不同的材料搭配组合，营造室内不同的情感体验，如粗犷、硬朗、光滑、细腻、通透等。

【案例赏析】 法国卢浮宫玻璃金字塔——贝聿铭设计作品

1988 年建成的卢浮宫扩建工程，是世界著名建筑大师贝聿铭的重要作品。他将扩建的部分放置在卢浮宫地下，避开了场地狭窄的困难和新旧建筑矛盾的冲突。 扩建部分的入口放在卢浮宫的主要庭院的中央，这个入口设计成一个边长 35.4 米，高 21.6 米的玻璃金字塔。法国卢浮宫玻璃金字塔是一大三小，共四个透明的金字塔。这些玻璃金字塔与周边卢浮宫古老的建筑形成极大的视觉反差，形成一种极大的视觉的冲击。这四个晶莹剔透的金字塔，在偌大的卢浮宫古老皇宫里，犹如镶嵌了一大三小的四颗宝石，发出异样的光彩。

玻璃金字塔周围是另一个方正的大水池，水池转了 45°，在东侧的三角形的位置留出空地，作为入口广场，以三个角对向建筑物，构成三个三角形的小水池，这三个紧邻金字塔的三角形水池池面如明镜般，在云淡天晴的时节，玻璃金字塔映照池中与环境相结合，又增加了建筑的另一向度并丰富了景观。在转向的方正水池的角隅，紧邻着另外四个大小不一的三角形水池，构成另一个正方形，与金字塔建筑物平行，每个三角形水池均有巨柱喷泉，像是硕大的水晶柱烘托着晶莹的玻璃金字塔。

有了这座"金字塔"，观众的参观线路显得更为合理。观众在这里可以直接去自己喜欢的展厅，而不必像过去那样去一个展厅先要穿过其他几个展厅，有时甚至要绕行七八百米。有了这座"金字塔"，博物馆便有了足够的服务空间，包括接待大厅、办公室、贮藏室以及售票处、邮局、小卖部、更衣室、休息室等，卢浮宫博物馆的服务功能因此而更加齐全（图 5-41 ～图 5-55）。

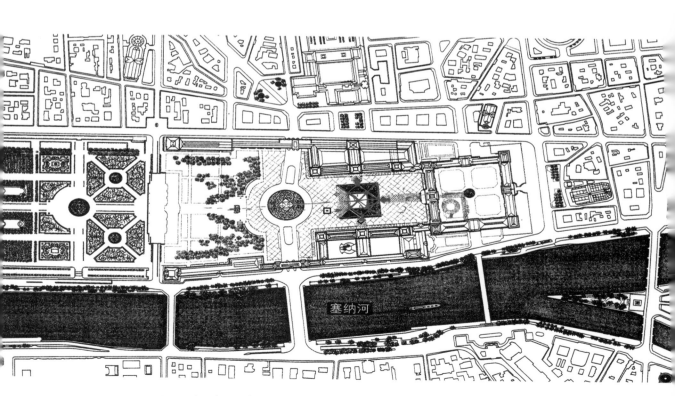

图 5-41 法国卢浮宫玻璃金字塔地上总平面图

图 5-42 法国卢浮宫玻璃金字塔鸟瞰图

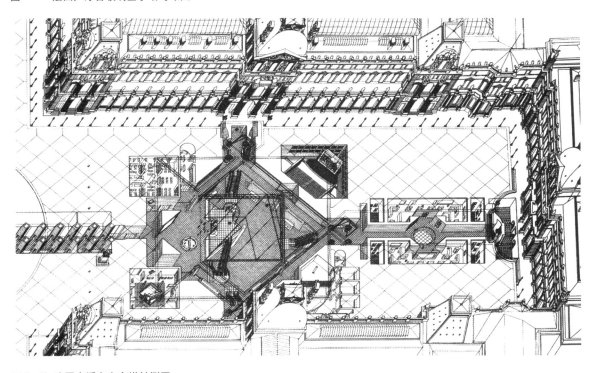

图 5-43 法国卢浮宫金字塔轴测图

图 5—44 法国卢浮宫玻璃金字塔夜景

图 5—45 法国卢浮宫玻璃金字塔与金属结构

图 5—46 法国卢浮宫玻璃金字塔室内空间

图 5-47 从贝尼尼的雕塑基座望向拿破仑庭院

图 5-48 法国卢浮宫玻璃金字塔室内展厅 1

图 5-49 法国卢浮宫玻璃金字塔室内展厅 2

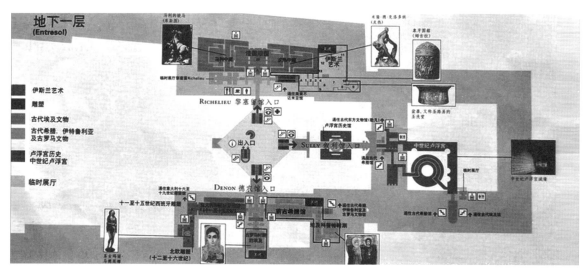

图 5-50 法国卢浮宫玻璃金字塔地下一层平面功能分区图

图 5-51 法国卢浮宫地下大厅旋转楼梯

图 5-52 法国卢浮宫室内倒置玻璃金字塔

图 5-53 法国卢浮宫三宝——
爱神维纳斯雕像

图 5-54 法国卢浮宫三宝——达·芬奇
的蒙娜丽莎画

图 5-55 法国卢浮宫三宝——胜利
女神像

2. 美学要素之性格——色彩篇

(1) 什么是色彩?

色彩是通过眼、脑和我们的生活经验所产生的一种对光的视觉效应。

1) 色彩基本属性:色相、纯度和明度。

2) 色调是研究色彩组合后的整体倾向。

a. 单色调:是只用一种颜色,只在明度和纯度上作调整,间用中性色。

这种方法,有一种强烈个人倾向。如采用单色调,易形成一种风格。我们要注意中性色必须做到非常有层次,明度系数也要拉开,才能达到我们想要的效果。

b. 调和色调:邻近色的配合。

这种方法是采用标准色的队列中邻近的色彩作配合。容易单调,且必须注意明度和纯度,同时注意在画面的局部采用少量小块的对比色以达到协调的效果。

c. 对比色调:易造成不和谐,必须加中性色用以调和。

注意色块大小、位置,才能均衡我们的色彩构图与布局。在对比色彩中,要注意选用中性色进行调和。近的纯色由远的灰色衬托;明快的纯色由灰暗的灰色衬托;主体的纯色由背景的灰色衬托。

(2) 为什么在美学要素设计中要研究色彩?

色彩能引起人生理和心理的反应,色彩是引起人们对室内环境直观感受的主要要素之一。正如马克思所说"色彩的感觉是一般美感中最大众化的形式"。不同的色彩环境还能对人的情绪和心理具有调节作用。

(3) 如何构思室内设计的色彩,彰显室内环境的真实性格?

丰富多样的颜色可以分成两大类:无彩色系和有彩色系。

无彩色系是指白色、黑色和由白色黑色调合形成的各种深浅不同的灰色。

有彩色系是指红、橙、黄、绿、青、蓝、紫等颜色。

颜色不会单独存在,单独的色彩没有美丑之分,重要的是搭配与组合。一种颜色的效果由多种因素决定,反射光、周边的色彩、欣赏的角度都可以改变色彩的感觉。

室内设计色彩是在了解基本属性的基础上,掌握色彩搭配的规律,通过色彩设计表达不同的情感与对环境的设计感觉,室内设计师必须熟知色彩搭配的规律。

常用的基本配色设计:无色设计、类比设计、冲突设计、互补设计、单色设计、中性设计、分裂补色设计、原色设计、二次色设计、三次色设计。

【案例赏析】　天津润茂骑士文化发展有限公司——吴青泰 设计作品

天津润茂交通器材有限公司创办于 1997 年,经过 15 年的发展,在金融、制造、进出口贸易等领域,已经成为天津自行车行业中最具影响力的跨行业的企业集团。其代理的 KENDA 轮胎、SRAM 变速器系列配件、ALEX 轮圈等产品皆为世界一线品牌。

　　2012 年，润茂集团以经营精品，创造价值为理念，成立了天津润茂骑士文化发展有限公司，与美国 RETUL 公司合作，第一家引进当今世界自行车行业的高端科技——三维动态影像捕捉自行车适体系统设备 RETUL fitting，大力推广科学、健康、舒适的骑行理念，为专业及高端客户提供最专业的自行车专属定制服务。公司拥有专业的设计、研发、销售团队，以天时、地利的前瞻视角，致力于把自行车从普通代步工具转变为运动休闲器材的梦想，让绿色、环保、时尚、健康、尊崇的理念深入人心。

　　天津润茂骑士文化发展有限公司致力于成为中国高端自行车的品牌企业，为体现其企业精神，我们在标志色彩设计上采用三原色设计，红、黄、蓝的色彩搭配组合成颇具动感的人在骑行时的图形，突显生活的色彩斑斓与品牌的精致内涵。

　　室内色彩设计中采用红黄蓝三原色制造视觉对比，让表皮色彩展现企业标识色彩的同时也创造丰富、变化的视觉空间，冲突的原色在制造对比的同时又统一在黑白灰的无色彩的大背景环境之中，色彩的设计效果在现代中透出时尚、在沉稳中彰显大气（图 5-56～图 5-65）。

图 5-56 润茂骑士标志设计

图 5-57 室内色彩系统配色方案

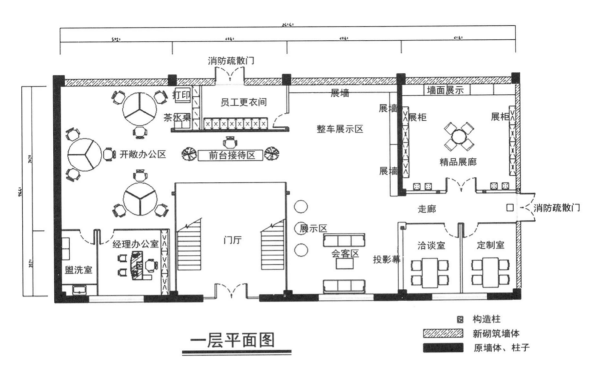

一层平面图

图构造柱

新砌筑墙体

原墙体、柱子

图 5-58 平面功能分区图——一层平面图

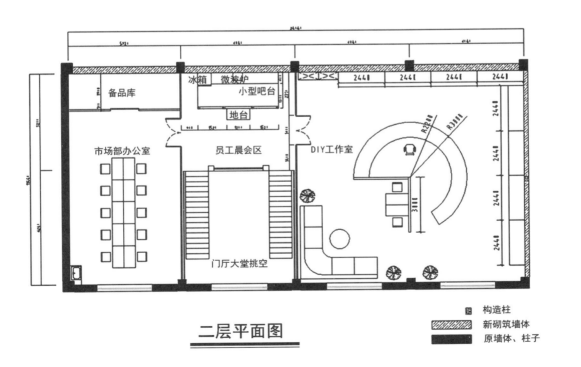

二层平面图

图构造柱

新砌筑墙体

原墙体、柱子

图 5-59 平面功能分区图——二层平面图

图 5—60　展厅室内设计方案 1

图 5—61　展厅室内设计方案 2

图 5-62 一楼门厅实景

图 5-63 一楼展厅实景

图 5-64 二楼前厅实景

图 5-65 二楼办公室实景

3. 美学要素之品味——陈设篇

(1) 什么是陈设？

陈设在室内设计中，可理解为对物品的陈列、摆设、布置、装饰。如：家具、装饰品、植物等活动性物品的选择与空间安排。

(2) 为什么在美学要素设计中要研究陈设？

1) 陈设可以强化和完善功能分区的作用。

2) 陈设可以展现风格及装饰、体现整体环境的设计格调。

3) 陈设在室内环境中起到画龙点睛的作用，经典的陈设展现环境的品位与品质。

(3) 如何构思室内设计的陈设，提升室内环境的品位？

1) 位置定位：根据平面布局与空间规划，定位陈设物品的平面与空间位置。

2) 尺寸定位：根据人体需要与特定室内空间尺寸，定做室内陈设物品。虽然室内设计师很少做专业的家具设计，但也要了解家具设计的风格、流派等基本技能才能胜任工作。高端室内设计项目常由室内设计师给出家具的风格概念和意向设计，再委托专业家具厂商定做。

3) 风格定位：根据室内设计总体构思的需要（彰显陈设格调或衬托空间），设计适合总体构思风格并能够表达原创思想的陈设物品。

【案例赏析】 Brio downtown 餐厅——季裕棠 Tony chi 设计作品

Tony chi 设计的位于纽约的 Brio downtown，将轻松优雅的传统意大利烹饪带到美国。

进入 Brio downtown，映入眼帘的是建筑物净高 6 米的铸铁门面。窗口的高度几乎一样，可以一览无余地看到壮观的 Flatiron building（熨斗大厦）以及外面形形色色的行人。同时，这一设计也允许外面的行人清楚地看到餐厅内的景象。餐厅拥有 70 个座位，空间地面由黑色和白色的几何形瓷砖组成，每张餐桌配有弯曲椅背的高脚椅。室内装饰有优雅的 Giorgetti 软垫，威尼斯风格的大镜子遍及整个酒吧、餐厅和狭长的餐饮包厢。抛光白酒塔沿着三面的墙壁环绕在餐厅外围，通向绿色涂漆的服务间，相应摆放于巨大的窗框旁边，营造出一种亲密、随意和有趣的用餐氛围，给人一种宾至如归的感觉。在空间结构方面，他们着眼于整体布局，并抓住每一个细节精益求精，包括白色的亚麻桌布、餐具、服务员的制服和菜单设计，都纳入到 Brio downtown 的设计之中。

Brio downtown 正竭尽全力营造一种耀眼的成熟和优雅的氛围，并将 Tony chi 和 Scoditti 家族二十年来所开创的意大利家庭式烹饪传承下去（图 5-66 ～图 5-71）。

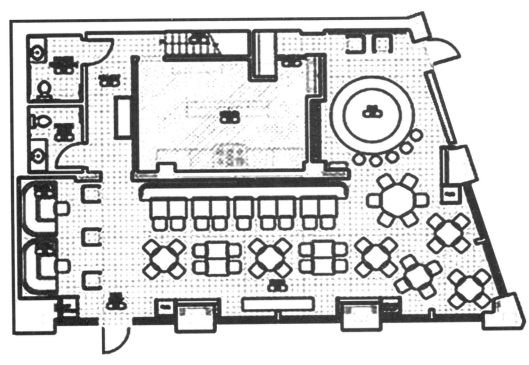

图 5-66 美国纽约 Brio downtown 意大利餐厅 总平面图

图 5-67 Brio downtown 餐厅透过巨大的窗口，可以看到壮观的建筑以及外面形形色色的行人

图 5—68 美国纽约 Brio downtown 意大利餐厅，室内的餐具、家具及艺术品陈设都精美非凡

图 5—69 美国纽约 Brio downtown 意大利餐厅吧台局部

图 5—70 美国纽约 Brio downtown 意大利餐厅 抛光白酒塔沿着三面的墙壁环绕在餐厅外围，地面由黑色和白色几何形瓷砖组成，每张餐桌配有弯曲椅背的高脚椅

图 5—71 Brio downtown 意大利餐厅 威尼斯风格的大镜子遍及整个餐厅

5.1.3 美学要素之三——灵魂

1. 美学要素之气氛——光影篇

(1) 什么是光影?

光指太阳、电等放射出来耀人眼睛，使人感到明亮，能看见物体的那种东西。

影指影子，因挡住光线而投射的暗影。光在传播过程中遇到不透明的物体，在物体后面光不能达到的地方就产生影。

(2) 为什么在美学要素设计中要研究光影?

室内环境之所以能够被人看见就是因为有光的存在，离开了光，一切都归于黑暗，再漂亮的造型、再好看的色彩也没有任何实际意义，视觉上的美丽与丑陋更无从谈起。所以说，"光"是视觉艺术产生和存在的必要条件。

"光"的一个极致是光明，纯光明让人目眩而无法辨识，如"雪盲"，就是没有了影子的结果；"光"的另一个极致就是黑暗，纯黑暗让人内心恐惧，当然，有时候黑暗来临，也不一定是光消失了，也有可能是自己走进了光的影子里。

"光"象征明亮，"影"象征黑暗；明亮与黑暗之间产生无限的过渡灰色，这种过渡创造了变化无穷的明暗关系、营造了各式各样的室内空间气氛。气氛是弥漫在空间中的能够影响人行为过程的心理因素的总和。

"光"与"影"是室内设计气氛营造的必要条件。气氛看不见摸不着，却是客观存在的，通过设计看不见摸不着的光影气场可以对人在室内的情绪产生深刻的影响。

(3) 如何构思室内设计的光影，营造强烈的光影气场?

1) 自然光设计

自然光主要指太阳，我们无法改变太阳的发光强度、颜色，更无法控制其发光时间等因素，但我们可以通过阻挡物的设计改变光的传播路线、效率和影子的大小、形状等。

2) 人工光设计

人工光源主要指室内各种类型灯具，我们可以有多种选择和掌控的方法。选择每种灯具时就确定了光源的发光类型是点式、线式还是面式以及发光强度和发光颜色等因素。

3) 阻挡物设计

在室内光环境设计中，光源分为自然光与人工光。光的设计不仅可以满足人类对空间功能使用的基本照明需要，同时，还可以运用光对空间进行引导，更重要的是还可以通过光产生的影子营造一种特定的气氛。

光带给人明亮，影带给人神秘。室内环境影子的形成离不开阻挡物。通过阻挡物镂空形状就能控制光投影的形状；通过阻挡物材料的透明程度能控制投影的敏感程度；通过控制光影产生和传播的过程，我们可以营造出特定的室内气氛。

"光"通过阻挡物的不同形态、材料的不同透明程度、多样的镂空形状，可以创造丰富多样的灰色投影空间，"影"可以带给人无限的想象空间。

爱因斯坦说："空间就是时间"。空间与时间在本质上是一样的。设计师在营造空间之时，也在用心表达时间的概念。随着地球的自转与公转，太阳在建筑空间的投影会随着时间而变化，虽然最美的可能也只是某一时刻的镜头捕捉，但是，那凝固的瞬间早已经在观者的心中化作永恒！这也许就是为什么光影与空间会带给人类永恒的魅力与神秘！

【案例赏析】 光的教堂——安藤忠雄 设计作品

光之教堂的魅力不在于外部，而是在里面，光教堂带来的是强烈的震动。坚实厚硬的清水混凝土绝对的围合，创造出一片黑暗空间，让进去的人瞬间感觉到与外界的隔绝，而阳光便从墙体的水平垂直交错开口里泄进来，那便是著名的"光之十字"——神圣，清澈，纯净，震撼。光之教堂在安藤的作品中是十分独特的，安藤忠雄以其抽象的、肃然的、静寂的、纯粹的、几何学的空间创造，让人类精神找到了栖息之所（图5-72～图5-81）。

图 5-72 光之教堂平面草图

图 5-73 光之教堂鸟瞰

图 5-74 光之教堂外立面

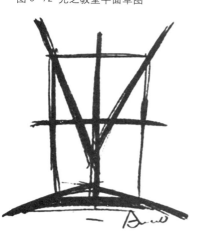

图 5-75 光之教堂空间草图

图 5-76 光之教堂室内照片

图 5-77 光之教堂室内照片

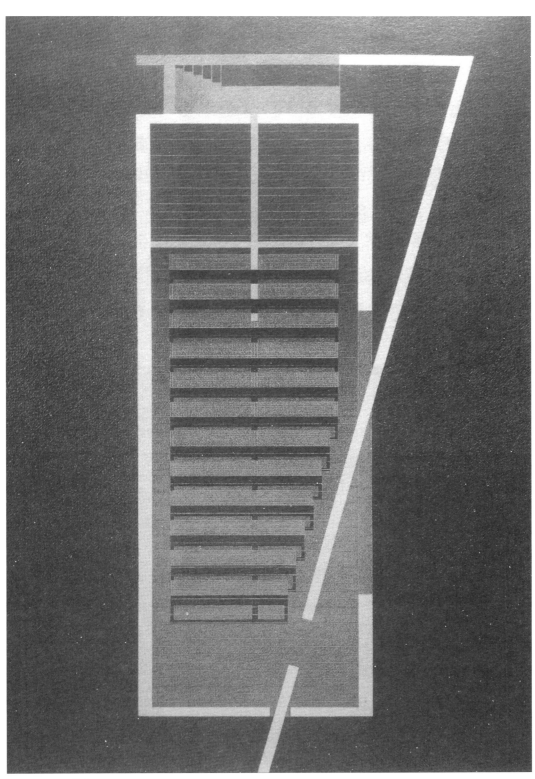

图 5-78 光之教堂平面图

图 5-79 光之教堂室内照片

图 5-80 光之教堂室内照片

图 5-81 光之教堂室内照片

2. 美学要素之灵魂——艺术篇

(1) 什么是艺术?

艺术是用能激发他人思想和感情的形态或景象来表达现实。其根本在于不断创造新兴之美,借此宣泄内心的欲望与情绪,属于生活的浓缩和夸张。

艺术品一般是指造型艺术的作品,如陶艺、绘画、雕塑等。

(2) 为什么在美学要素设计中要有艺术?

艺术是室内设计的灵魂,是通过设计师或艺术家对室内环境的创造性表达,是传递思想、情感和文化的空间语言,是一个室内环境区别于其他环境、最具独特性的灵魂体验。

(3) 如何构思室内设计的艺术,创造独特的灵魂体验?

1) 题材美设计

题材有广义、狭义之分。

广义的题材泛指作品描绘的社会生活的领域,即现实生活的某一面,如工业题材、农村题材、历史题材、现实题材等。

狭义的题材指在素材基础上提炼出来的,用以构成艺术形象、体现主题思想的一组完整的具体的生活材料,即融进作品里的社会生活。

题材美是艺术创造首要的追求目标。题材是由客观社会生活的事物和作者对它的主观评价这两个不可分割的方面构成的,是主客观的统一体。在叙事性作品中,题材包括人物情节、环境。题材是作品内容的基本因素,是产生和表现主题的基础。

2）形式美设计

形式美的法则主要有齐一与参差、对称与平衡、比例与尺度、黄金分割律、主从与重点、过渡与照应、稳定与轻巧、节奏与韵律、渗透与层次、质感与肌理、调和与对比、多样与统一等。

形式美是艺术创造追求的目标之一。要让作品拥有生命力就必须让创作的作品符合人类的形式美学规律，这些规律是人类在创造美的活动中不断地对形式因素之间的联系进行抽象、概括而总结出来的，因此，具备形式美的设计作品有视觉冲击力和丰富耐看的效果。单纯的形式美对人的影响力是有限的，形式美的形式与题材美的内容相结合才会产生强烈的艺术感染力。

【案例赏析】 沈阳首席 CEO 室内设计——马克辛 设计作品

沈阳首席 CEO 娱乐空间室内设计用浪漫的手法凸显空间美学的艺术张力，打破原有建筑规则的形态，波特曼式的共享空间设计手法赋予作品强悍的视觉冲击力，震撼人心、过目难忘（图 5-82～图 5-88）。

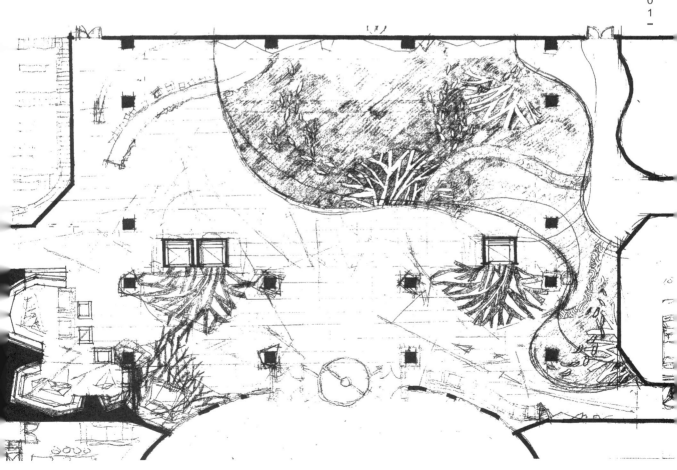

图 5-82 沈阳首席 CEO 大堂平面设计草图

图 5-83 大堂室内设计草图

图 5-84 主入口外观设计草图

图 5-85 室内装修施工过程中现场照片

图 5-86 大堂实景照片

图 5-87 大堂实景照片

图 5—88 主入口外观夜景照片

3. 美学要素之思想——意境篇

(1) 什么是意境?

意境是设计作品借助形象传达出的意蕴和境界,意境是指那种情景交融、虚实相生、活跃着生命律动的韵味无穷的诗意空间环境。

意境是属于主观范畴的"意"与属于客观范畴的"境"二者结合的一种艺术境界。这一艺术辩证法范畴内容极为丰富,"意"是情与理的统一,"境"是形与神的统一。在两个统一过程中,情与理、形与神相互渗透和制约,就形成了意境。意境是艺术辩证法的基本范畴之一,也是美学中所要研究的重要问题。

(2) 为什么在美学要素设计中要研究意境?

立意不仅是艺术创作的起点,也能唤起欣赏者思想感情的共鸣,并体现设计者的修养和品位。室内设计作品不仅有可用性更具有可读性和欣赏性,设计师寄情于室内环境,欣赏者才能触景生情,这样才能形成良好的室内设计与欣赏的互动关系。

意在境先,先有创意,随后境界出。

意境是空间意蕴和场地环境最基本的、内在的、特性的、富有诗意的表达;意境是"情"与"景"高度融汇后所体现出来的艺术境界;意境是室内设计中无法言说的神韵;意境是室内设计师的思想与精神最直接的表达。

(3) 如何构思室内设计的意境,充分表达设计的思想性?

首先,确定设计的目标,明确表达的主题,理出清晰的概念。

其次,从时间与历史脉络找到创意源泉,从空间与地域特征出发探寻设计的支点。

最后,从文学作品中挖掘思想与文化,让作品具备强烈的感染性和清晰的可读性。

【案例赏析】 2010 中国上海世界博览会中国馆室内设计——郭万新 创意作品

图 5-89 2010 中国上海世界博览会中国馆建筑外观

图 5-90 2010 中国上海世界博览会中国馆建筑外观细部

设计思想与意境营造是室内设计作品成功的关键和前提。2010 中国上海世界博览会中国馆室内设计立意为"城市发展中的中华智慧——东方的寻觅"，总共分为 3 个宏大的篇章徐徐展开（图 5-89 ～图 5-101）。

1）49 米层核心展示区——主题：东方足迹

序厅 "亿万人的大迁徙"；

次主题 "春天的故事"；

次主题 "智慧的长河"；

次主题 "希望的大地"；

—— 城乡一体； —— 同一屋檐下；—— 天更蓝，水更清。

2）41 米层体验展示区——主题：智慧之旅

场景 1 纸森林月台区；

场景 2 泥——砖瓦区；

场景 3 石——桥区；

场景 4 木——斗栱区；

场景 5 城市规划展区；

场景 6 水——园林区。

3）33 米层专题展示区——主题：低碳城市，绿色生活。

节能减排区＋新兴能源区＋生活方式区＋持续发展区。

"城市发展中的中华智慧"

1）总论

气势磅礴的空间巨制，诠释跨越时空的中华民族城市发展的历史。

2010 年上海世博会中国国家馆设计主题定义为"东方的寻觅"，整体篇章将以东方为角度，以寻觅为主线，上承天人合一的中华哲学，下启和谐共生的美好理想，立足当代改革开放 30 年城市的发展历程，追溯古代，展望未来，经历震撼、思索、唯美、惊喜的寻觅智慧的情感之旅，体验展区用黑暗骑乘的动感形式体验中国独特的建筑智慧，专题展区以简约主义风格演绎未来城市生活形态，交织出时空的宏大叙事，演绎世博会"城市，让生活更美好"的大主题。

沿着主体的思路与定位，我们把中国馆展示内容分为核心展区——东方足迹，下设"亿万人的大迁徙"序厅和"春天的故事"、"智慧的长河"、"希望的大地"四个主体展区。41 米高体验展区为——"智慧之旅"，下设 6 大体验场景，33 米高专题展区"无碳城市，绿色生活"分为节能减排区、新兴能源区、生活方式区、持续发展区。

"49 米高"核心层"东方的足迹"以"一个序厅＋三个展区"为内容框架，讲述改革开放 30 年来中国"自强不息"的城市化经验，展示古代"天人合一"的城市发展智慧，畅想城乡一体发展的城市未来形态。

"亿万人的大迁徙"为序厅，以当代中国快速城市化背景为内容主线，反映个人的命运、群体的命运与民族的命运改变了当代中国，走出了一条人类历史上前所未有的大体量、高速度、高密度城市化道路的历史轨迹。通过新城市进城后扑面而来的城市印象与城市气息为出发，意象化的描述 3 亿新城市人入城的感受。

"春天的故事"主题影片深化主题概念，并融入城市生活的动人故事，展示 30 年的城市化改变中国的历程。世纪之交前后的几十年里，几乎占全人类十分之一的中国人口大迁徙，既造就了中国城乡的繁荣，它极大地改变了中国社会面貌，提高了人民群众的生活，也带来了对中国社会结构、生存环境的巨大挑战。我们将立足新城市人进城，在城市安家、工作带来城市快速发展的现实，描摹多彩的城市生活和新城市人的精神面貌，凸现未来"以人为本"和"与自然和谐相处"的中华思考与智慧。

图 5-91 中国馆主题——东方足迹

图 5-92 中国馆次主题——春天的故事

图 5-93 中国馆次主题——智慧的长河

图 5-94 中国馆次主题——希望的大地

图 5-95 中国馆室内展厅——国之瑰宝

带着对城市发展的思考，观众进入到第二展区——"智慧的长河"，该展区以"清明上河图"的百米画卷为中华智慧的典型元素，引领观众从中国当代城市化面临的现实和挑战出发，对古代城市的和谐生活进行回顾，在中华智慧的长河中寻觅，通过中国城市规划、营建、市井生活的丰富实践感悟中国城市发展中的"和谐共生"的思想智慧，深刻反映中国当代的城市化过程是根植于中华民族的传统和经验，折射的是中国一脉相承、博大精深的智慧渊源。

跨越古代的智慧长卷，观众进入到"希望的大地"展区，该展区以现代工业造型语言与春意盎然的绿色交织在一起，暗喻城乡一体发展的中国式城市化发展的思路。展现支撑中国城市发展的城乡一体化、和谐社会、全面协调可持续发展几大支点；其中"城乡一体"展项，表现"城市自然化，乡村城市化"的发展前景；"同一屋檐下"展项，采用意识流的手法，以一个故事线来展开画面的变化，表达同在一个屋檐下，没有了城市与乡村的隔阂，一个和谐的未来城市生活图画。

为了突出主题，我们还设计了"智慧之旅"动线旅程，用轻松、动感、充满想象的骑乘形式，体验中国建筑与城市规划的东方特点，表达"师法自然"、"天人合一"的中华智慧。让观众在欢快、愉悦、刺激的体验中形成对中国馆主题的完整体认。

专题展区以中华智慧能够面对与解决城市化进程所遇到的挑战作为"中国式回答"结束全篇。

世博会中国馆主题演绎过程中，我们力图采用艺术化的形式语言，用空间的大体量、大场景营造大气势，化繁为简，以期达到使国家馆成为向世界展示中国人民在"科学发展观"的指导下，应对城市发展的挑战，成功地走出了一条具有中国特色城市化发展道路的大舞台。

图 5-96 中国馆室内展厅——同一屋檐下

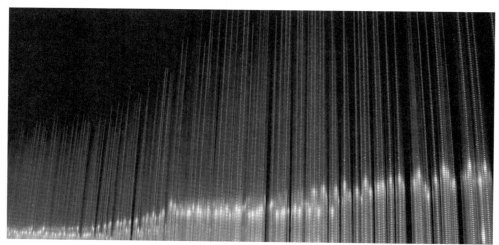

图 5-97 中国馆室内展厅——城乡律动

图 5-98 中国馆节能减排展区——主题：低碳城市，绿色生活

图 5-99 中国馆新兴能源展区——主题：低碳城市，绿色生活 1

图 5-100 中国馆新兴能源展区——主题：低碳城市，绿色生活 2

图 5-101 中国馆室内展厅——水幕荷花

2) 内容展项

中国国家馆由"一个影院"、"一幅画卷"、"一片绿色"、"一次体验"、"一个广场"五个主体展项组成。

"一个影院"：讲述改革开放 30 年来中国自强不息的城市化发展道路。

"一张画卷"：展示中国传统文化中重视民生、社会和谐的城市发展理念。

"一片绿色"：讲述未来中国城乡一体的发展战略。

"一次旅程"：用轻松、动感、充满想象的骑乘形式，体验中华建筑营造、师法自然、天人合一的中华智慧。

"一个广场"：以中华智慧能够面对与解决城市化进程所遇到的挑战作为"中国式回答"结束全篇。

5.2 美学要素的研究途径

1. 向自然世界学习

遵循自然，师法自然。人类所有的知识都来源于对客观世界的观察和体悟。从外形研究转向内在的精神实质，从"摹形状物"到"得意忘形"，从"外师造化"到"中得心源"。

2. 向先人前辈学习

前人的室内设计实践为我们作了大量有益的总结，提供了最直接的设计经验。我们要吸收传统文化的精髓、发扬其核心精神，直接借鉴前辈们总结的经验和成果，让自己在继承中华传统设计神韵的同时创造当下的辉煌。

3. 向外国同行学习

世界各国人民有着各不相同的看待事物的世界观，这是地域差异和历史不同造成的，各国人民都对人居环境的规律作了探索和总结。我们积极向发达国家学习最新的经验可以避免重蹈覆辙和重复性劳动，站在巨人的肩上，我们就能获得全世界的眼界和高度。

4. 向其他学科学习

室内设计越来越成为多学科交叉的一门综合学科，需要其他相关学科的支持，正所谓"功夫在诗外"！室内设计美学也需要在哲学、音乐、环境、服装、舞蹈等其他艺术学科和数学、物理、地理等看似不相关的学科中汲取营养、不断地发展和完善。

5. 向自身体验学习

室内设计不仅要满足视觉审美与哲学思考的需求；更要满足人感受"天人合一"的身心体验，所以，只有放下成见，全身心地感知和体验才能感悟并获得最真实的体验。

5.3 美学要素的研究意义

(1) 美学要素是室内设计系统论的灵魂内容，也是理论体系中不可分割的重要组成部分。

(2) 美学要素为学习室内设计的人们指明方向，是室内设计专业学习与研究的重要内容与必备的知识。

(3) 美学要素从崭新的角度，展现当代室内设计理论研究者对人类开拓与创新精神的探寻与不断思考。

(4) 美学要素研究的终极意义是追求室内设计的艺术性，艺术性是美学要素研究的灵魂与境界。

思考：

1. 选择一个自己最喜欢的室内设计作品，从美学要素的不同角度分析其设计构思。

2. 从美学要素九个角度出发进行设计训练，做出一套美学要素系统性完整的设计作品。

第6章

室内设计系统论之要素关系

SHINEI SHEJI XITONGLUN ZHI YAOSU GUANXI

设计本身是为生活服务，生活是一个整体而不是分离的，所以，室内设计的最高境界就是『和谐』、就是『天人合一』。天人合一的本质与核心就是融合，融合为一体。这时，才会真正出现科学、文化、艺术完美融合的室内设计作品。

——吴青泰

这是一个关于拳击的故事。一个正准备锦标赛的拳击手，会挑一个比他对手更重的陪练作对手，因为他打得更狠；会挑一个体重较轻的，因为他更快。尽管他可以击败一个打的较狠、但较慢的对手，并击败一个打的较轻、但较快的对手，但是，他可能还是打不过真正的对手。

同一领域或不同领域两种以上学科，在共性抽象或相关作用机理的基础上，使本领域或本学科的规律与其他相距远近不一的任何学科的基本内核相结合，结合杂交产生的新学科，称为"交叉学科"。

室内设计是一门综合多种知识的学问，设计中对物质的科学性组合、对人类的文化性挖掘、对精神的艺术性追求，都要求我们综合各种研究成果、创造整体性高、适宜人居的环境；室内设计不是单方面的凸显而是系统的完善，这种整体最优的特性就是室内设计系统论的价值与意义。

6.1 室内设计系统论各要素关系的研究背景

6.1.1 平衡、循环、有机的观点

人类在改造大自然时，会对生态环境产生各种各样的影响。室内设计装修会消耗各类自然资源，会影响宏观的生态环境。有时从局部看可做的事，从生态平衡系统的总体看就不可以做。在进行各类室内设计工程建设时，都要注意减少不可再生资源的消耗，要实现室内能量自然循环和有机生长，达到人与自然的平衡与和谐。中国古代"天人合一"思想就强调人与自然的平衡并将其作为改造世界的终极追求（图 6-1 ～图 6-3）。

现代室内设计中要强调人与环境的和谐，尊重自然、依循自然的规律，而不是去征服和

图 6-1 天人合一就是平衡

图 6-2 表演要平衡，生活更要平衡

图 6-3 快乐要平衡，设计也要平衡

控制，平衡之道、循环思想和有机的整体观念正在深入人心。

6.1.2 人居生活与环境相互关联

人怎样塑造环境，人又如何与环境共生？物质环境又如何影响人？

解决人和自然的平衡关系是现代环境设计学科关注的焦点之一。

室内环境的变化与社会人文领域的变化存在一种关联，环境与文化应该是和谐共生的关系（图6-4、图6-5），在社会、心理、宗教、民俗中均会有所体现。

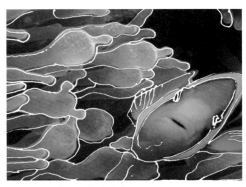

图6-4 海葵和双锯鱼有趣的共生现象　　　　图6-5 共生思想就是设计的核心——组合创新

中国的风水思想就是人类在选择最佳自然环境过程中总结出来的理论。环境是人创造的，反之，环境也对人有反作用与影响力。好的环境会给人的生活带来好的影响和境遇，所以，人要选择好的环境，创造宜人、宜居的室内环境，人与环境和谐共生。

6.2 室内设计系统论各要素关系的研究内容

6.2.1 物学与人学的关系

物质世界决定并作用于人的世界，人类世界对物质世界有反作用，两者是不可分割的。人是自然性与社会性的统一，人就是自然人与其所有社会关系的总和。

1. 自然与人

从人的自然属性出发，关注人的自然性需要，不脱离人的基本自然属性才能挖掘出人的根本需要。

现代人类社会经济与城市的快速发展，导致人的自然属性与内心需求被压抑、扭曲甚至被泯灭，所以，只有让人回归到自然的状态，才能真正实现人与自然的和谐之美。

【案例赏析】——泡泡旅行箱 Pierre Stephane Dumas （France）

在这里，你能够更好地接近大自然，躺在床上享受自然的怀抱，抛弃城市的嘈杂，感受回

图 6-6 泡泡旅行箱——夜间效果

图 6-7 泡泡旅行箱——白天效果

图 6-8 泡泡旅行箱——晴天效果

图 6-9 泡泡旅行箱——雪天效果

图 6-10 泡泡旅行箱——人与大山进行对话，人与自然和谐共生

图 6-11 泡泡旅行箱——人与大海对话，人和自然建立紧密联系

归自然的体验，看春天万物复苏、夏天动物嬉戏、秋天落叶满地、冬天大雪纷飞（图6-6～图6-11）。

设计灵感源自拥挤的城市生活："生活在城市空间的人们越来越脱离近距离接触自然的独特经验，我们想要探求，在一味享受舒适之余，这种生活方式是否在慢慢导向拉远我们与自然的距离。但是，满天星斗的夜空对斯巴达人来说，可能会带来忧虑感。我们的目的就是给人们提供一个真实存在的卧室，让你尽情享受观星之夜。居住在泡泡内，能够看到黄昏奇特的光线、第一道震颤的北极光、目测银河界特有的星云转变。"

泡泡旅行箱真正的理想是把居住与自然连接在一起，在大刀阔斧的城市巨变中，我们必须重新思考人们生活的意义与城市发展的方式。我们可以把目光的焦点从那些大型的纪念碑式建筑移开，开始来关注人们日常生活的改善和生活周边景观的变化。走进自然，你会从习惯享受着奢华居住的舒适转变成恋上感受赤裸在自然的怀抱中熟睡，泡泡旅行箱带给人们难忘的户外体验与惊喜。

2. 社会与人

从人的社会属性出发，关注人的社会性需要，在社会性活动过程中关注人与人的各种交流，获得精神上的享受与内心世界升华。

社会得以产生离不开人类的社会性活动，社会美是在社会现实中所呈现的美，它表现在人们的行为与活动，也凝结在建筑与室内环境的设施等物质产品中，人类创造的所有伟大文明之中都印刻着人的痕迹。所以，我们更多要创造人类社会性活动的环境，通过创造良好的物的环境来承载并记录人类社会的文明。

【案例赏析】——天津城市规划展览馆 上海风语筑展览有限公司设计作品

当代中国城市正处在快速发展之时，每个城市都怀揣着蓬勃的信心。如此宏大的城市发展需要上至政府下至平民百姓的齐心一致，因此如何在最短的时间内，用最快捷的方式将复杂而专业的规划图纸清晰地展现给不具有任何专业背景的普通民众，无疑是城市经营者需要关注的一个问题。城市规划展示馆担当了城市发展蓝图最佳的解说者，同时，也将人类社会生活发展的窗口——城市的过去、现在和未来以物的形式展现人类对未来美好的理想人居环境与生活方式的追求（图6-12～图6-18）。

上海风语筑展览有限公司专注在城市规划展览馆的研究，成功地实现其"设计领衔，跨界总包"设计施工一体化的理念，成功地打造了一系列城市规划展示馆，并成为该行业内的龙头和典范。这也预示着未来的室内设计行业的发展将向细分化、专业化、集成化、系统化、一体化的方向发展。

作为进化的"盒子"，天津市规划展览馆代表着这样一种新型展览馆建筑的设计潮流。其功能早已超越单纯的建筑物，成为文化的聚集点和碰撞点，以其多种多样的展览方式吸引公众参与，搭建起城市与大众进行文化碰撞和交流的最好平台。

城市发展契机。天津市作为环渤海地区的经济中心，将逐步建设成为国际港口城市，北方经济中心和生态城市。随着国家对天津市功能的清晰定位，以及渤海湾经济圈的快速崛起，天津进入快速发展的历史进程中。天津需要一个与之匹配的城市规划展示馆，将城市建设的蓝图准确无误地呈现给观众。

天津展览馆基本功能设置。展览馆共分4层16个展区：一层设历史、总体规划、交通规划、中心城区规划模型、规划公式区和临展区；二层设滨海新区、海河规划、名城保护规划、旅游规划和4D影厅；三层设区县、住房公共设施、生态规划、城市映像影厅、环境整治、重点地区规划、公众互动参与区。

图6-12 天津城市规划展览馆建筑外观

图 6-13 天津城市规划展览馆室内展厅——滨海新区展区

图 6-14 天津城市规划展览馆室内展厅——人性化参观坡道

图 6-15 沈阳城市规划展览馆室内展厅——展览馆总规模型演示中庭

图 6-16 沈阳城市规划展览馆室内展厅——城市记忆展区二

图 6-17 杭州城市规划展览馆室内展厅——展览馆阳光长廊

图 6-18 杭州城市规划展览馆室内展厅——展览馆主模型区

6.2.2 物学与美学的关系

物学是美学的存在基础，离开物学谈美学是空中楼阁；美学反作用于物学，促进物质按照人的审美需要重新进行排列和组合。

1. 展现物外在的自然美

在室内设计中充分展现自然物的美是健康、自然的审美观。自然要素是一种不可预测的韵律，自然本身就是最美的。自然的形态、色彩、纹理和质地，能展现材料的本来面貌往往是最美的。人们把各种石料加工成型，成为铺地和贴墙面的文化石、石板、碎石，不同的自然石材组合设计可以形成精致、细腻或者粗犷、壮观等不同的自然美效果。

2. 提取物内在的神意美

艺术源于自然，高于自然，抽象美是人类高级思维与智慧的体现。抽象、提炼出形式美和图案美，然后再把它用到室内设计中比自然之美更深刻、更集中。

（1）从自然形态中提取美

在中国文化里，水是一种重要的自然元素，给人们带来好心情，并激发起人们欢乐的情绪。水分子微观形态设计的水立方呈现宁静、祥和、具有诗意的气氛（图6-19～图6-23）。

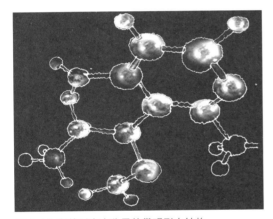

图6-19 自然形态水分子的微观形态结构

图6-20 奥林匹克游泳馆水立方外观

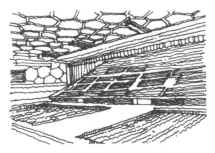

图6-21 奥林匹克游泳馆水立方室内

图6-22 奥林匹克游泳馆水立方变身成魔幻水世界1

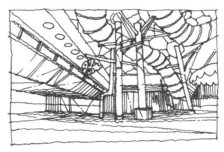

图6-23 奥林匹克游泳馆水立方变身成魔幻水世界2

(2) 从动物形态中提取美

动物是可以运动的生命，充满活力又富有寓意。中国古代有很多图腾都来源于动物，它可能是王权的象征也可能是氏族精神的寄托。传说中的龙就是从不同动物身上提取的美的形式组合而成。各民族在发展过程中会形成各自不同的图腾，它是民族精神的化身，因此，具有高度浓缩、凝练的艺术美和精神象征的意义（图6-24～图6-30）。

图 6-24 九龙壁浮雕

图 6-25 传统建筑装饰构件

图 6-26 龙的传统形象

图 6-27 "龙"在天花吊顶灯池的应用

图 6-28 "龙"在墙面装饰的应用

图 6-29 "龙"在走廊天花应用

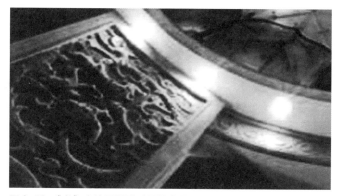

图 6-30 "龙"在墙面浮雕壁画的应用

(3) 从人工形态中提取美

人类的科技发展影响社会的很多方面，很多工业产品本身就具有强烈的美感。

"数字北京"设计方案从人工形态集成电路板的原始形态中提取抽象的形式美进行设计，用点与线的构成及雕塑般的语言让建筑形态与环境的特定使用功能产生关联，从而让设计方案具有某种隐喻和内在的逻辑关系（图6-31～图6-35）。

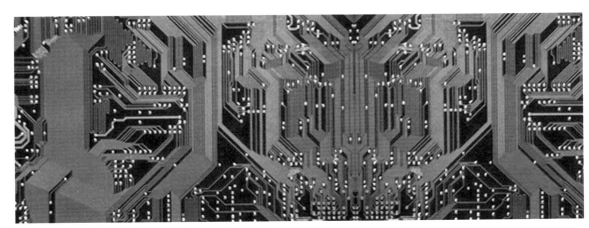

图6-31 人工形态集成电路板具有工业感和科技感之美

图6-32 人工形态应用于建筑设计

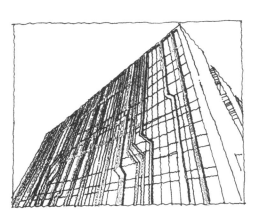

图6-33 "数字北京"立面

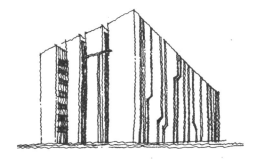

图6-34 "数字北京"建筑外观

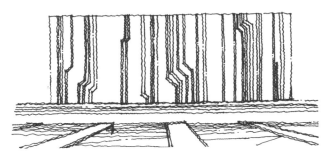

图6-35 人工形态应用于建筑设计

6.2.3 美学与人学的关系

人学是美学的存在基础，离开人学谈美学是空中楼阁；美学反作用于人学，促使人思考自己的精神需要、提升审美素养与思维能力。

(1) 平面视觉美与人的审美习惯

视觉秩序分析法是传统艺术设计中运用最多的方法，其核心是时间研究，是室内设计环境的系列动态视觉图像按照预定的顺序进入人的眼睛，引起身心愉悦和精神共鸣。

美学必须和人学结合，设计要考虑人的行为与心理需要；还要研究人的行为空间需要和视觉尺度，确定合理的范围和科学的审美尺度。

室内设计关注的就是"场所精神"，设计者努力的最终结果就是让欣赏者能够感觉到它。好的室内设计一定让人充满激情并引发诗意，室内设计最终将走向研究人类自身及生存环境与视觉总体的高度。

(2) 空间体验美与人的感知模式

心智地图空间分析法有两个基本特征：

1) 建立在外行和孩子对环境体验的基础上而不是设计者，因而具有原始性和直观性，是一种真实的感受意象。

2) 认为具体空间的使用者才是特定环境的体验专家，他们对环境和空间设计有着深刻的洞悉和理解。

让人参与体验分析，由于他们直感体验不受任何专业语言的规定和影响，他常常表达出设计者意想不到的体验、感觉，或许可以触及空间美的本质。

【案例赏析】 上海崇明规划展览馆 ———— 上海风语筑展览有限公司设计作品

崇明规划展示馆的室内设计履行了"现代、国际、生态"的设计理念，成功地将崇明规划展览馆从传统的陈列空间转变成体验、互动于一体的现代高科技展示空间，展现了崇明岛的历史沧桑和时代巨变。

"东海瀛洲，生态崇明"设计者按照过去、现在、未来的时间线索对展馆进行了有序的功能分割。在入口的城市客厅里，一面充满着超现代主义国际风格的抽象生态水元素背景墙环抱着整个大厅空间，层层蓝色发光曲线如连绵不断的碧水，形成天水一色的视觉效应，隐喻了"东海瀛洲 生态崇明"的地域特色，也是一面凝练的城市名片墙。

"印象崇明"崇明规划展示馆的整体设计以地域文化性、规划专业性、亲民互动性作为主导思想，整体设计风格现代简约，创新地运用生态花墙、树叶造型墙、湿地植物造型墙、意象森林等抽象元素作为室内装饰的造型基础；体现了崇明"国际生态岛"的地域文化元素，大胆地应用了生态绿、科技蓝结合高雅的中性黑白灰的色彩打造出生态、环保、高科技感十足的互动展示空间；而曲线展墙、波浪造型顶面等装饰设计则展现了崇明作为西太平洋沿岸的一颗璀璨明珠所迸发的蓬勃生机（图 6-36 ~ 图 6-43）。

图6-36 东海瀛洲·生态崇明——序厅

图6-37 崇明规划馆休闲书吧

图6-38 崇明规划馆城乡统筹规划展区

图6-39 崇明规划馆生态陈家镇展区

图6-40 崇明规划馆生态陈家镇总体规划展区

图6-41 崇明规划馆多媒体休闲互动查询区——360°多媒体体验空间

"生态陈家镇"告别历史，穿越时空，在空间转换间，观者会来到以"生态"为主题的陈家镇规划展区，整个展区围合在充满凹凸感的抽象化"生态花墙"之中，顶部异型的生态造型配合自然垂下的不断闪烁的光纤，营造出一种生态意境的展示氛围。设计者还利用虚拟技术，让参观者骑着虚拟的"单车"在大屏幕播放的森林中自由的穿行，在全三维虚拟生态空间里感受亲近自然的愉悦。

图 6-42 崇明规划馆东滩湿地四维
场景复原展区

图 6-43 崇明规划馆意象森林展区

"崇明总体规划"三层总规展区内的曲线造型简洁大气，与总体规划庄重、严谨的展示内容不谋而合，同时再次呼应了"东海瀛洲　生态崇明"的展示主题。总规模型厅里"沉浸式弧形屏演示系统"拉开了整个模型演示的序幕。一面巨大的弧形 LED 屏播放着崇明规划的宣传片，与模型及上空的区位模型及舞台灯光实施三位一体动态演示，将崇明的未来史诗般地展现在人们的面前，设计师创新性地打造了一个水面 LED 与模型的巧妙结合，一组流动的抽象生态绿叶造型墙灵活地分割了展示空间，详细地展示了专项内容。

"意象森林"——360°多媒体体验空间。进入展厅仿佛走进了一个大的生态森林，这也是国内首创的生态体验空间。展厅中央是一个平衡圆桌，两条具有设计感、相互交叉的多媒体装置连接至整个空间。桌面被平均地分为生态环境和城市化两部分，由圆球代表生态环境与城市化的元素。当观众手移动的时候，桌上的圆球也会跟着移动，依据生态与城市共生的原理，台上不断变化的状态都会在屏幕中显现出来。整个展厅采用大量矗立的绿色的光柱体，构成了抽象的森林，制造出一种原生态的人与自热和谐共生的状态。

6.2.4 物学与美学和人学的关系

物学、美学和人学是室内设计系统必备的三个核心要素，它们对立、统一在室内设计系统之中。三个核心要素之中，物学是基础，人学是根本，美学是关键，这三者相互联系和影响，彼此缺一不可，这三者之中任何一方存在设计缺陷都将导致室内设计系统的不完整和不完美。

站在室内设计系统论的高度，我们不仅要追求这三个要素的极致，更重要的是保持这三者之间的平衡，让室内设计系统论的核心三要素成为相互融合、彼此统一的整体，这样才能真正设计出整体性最优、系统化最高的室内设计作品。

物学、美学和人学这三个核心要素的关系在达到平衡与和谐之后，还要从微观走向宏观，把视野放大，跳出室内设计小空间与格局的限制，要把室内设计与其本身的建筑设计、景观设计进行紧密连接与对话。虽然专业学习和工作内容有不同方向，但设计本身是为生活服务，生活本身是整体而不是分离的，所以室内环境艺术设计的最高境界就是和谐，就是"天人合一"。"天人合一"的本质与核心就是融合，融合成为一体，也就是室内环境与建筑环境和景观环境真正融合为一体时，才会出现真正系统性与整体性最完美的室内环境艺术设计作品。

6.3 室内设计系统论各要素关系的研究途径

6.3.1 道法自然

一切事物都是自然的，包括人，也包括精神世界的美。

无论在过去、现在还是未来，在室内设计研究中，"道法自然"永远是至高、至上的法则。

6.3.2 共生思想

对人类而言，所有事物的价值都是因为与人发生了关系，人一旦失去感知功能，所有的自然物也就失去了原来的价值与意义。

室内设计在未来一定要更多地关注人、研究人、服务人的各种需要。室内设计不仅是满足个人需要，更是满足群体需要，不仅是满足人类需要，更是满足地球之上所有生命的共同需要，这样才能真正建设一个和谐的地球和美好的家园！

"共生思想"不仅是满足室内设计主体和使用主体的内在需要，也是满足未来时代人们生活主旋律的需要。

6.3.3 创新精神

人类在物质需要满足后，更加关注的是精神上的需要，艺术是人类精神、思想层面上最美的花朵，它给人类精神世界无限的想象空间，给人类物质世界带来天翻地覆的变化。

人类生活中所有存在的有形世界都是人类自身想象力和环境互相作用的结果，所以，艺术的本质就是想象力和创造力。

"创新精神"是当下设计的主流趋势，是艺术设计的核心，也是艺术创作源源不竭的动力，必将在未来的室内设计中永放光芒。

6.4 室内设计系统论各要素关系的研究价值

室内设计系统是复杂的，我们在研究中要突出学科交叉性和多学科的综合性。很多研究者都是从学科交叉的研究中获得更接近事物本质的论断。

本章从室内设计物质层面到精神层面、从主体使用人群到客体物质环境进行了探讨，从室内设计系统要素的交叉研究中，我们找到很多理论的出发点，也发现很多新的空白。研究室内设计要素的相互作用的关系，强化系统的整体性，才能让室内设计作品拥有强大的生命力，因此，室内设计系统论必将成为未来室内设计的研究方向。

思考：

1. 在室内设计中做展现物的自然属性美的应用训练。

2. 分别从自然形态、动物形态、人工形态提取设计元素，做创意性的设计训练。

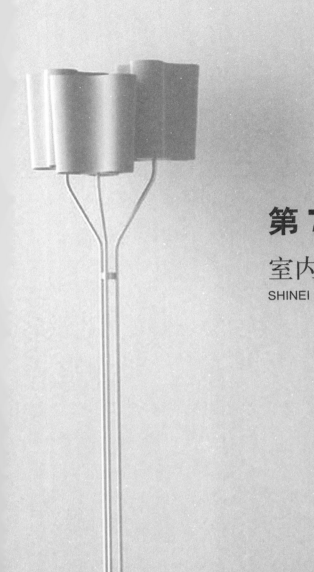

第7章

室内设计系统论的应用

SHINEI SHEJI XITONGLUN DE YINGYONG

《室内设计系统论》是开放的、发展的，并不断扩充的科学理论体系，必须从最新的科研成果和广泛的社会实践中积极吸取营养、不断深入完善、保持与时俱进的先进性，才能让室内设计行业健康、快速和持续的发展。

——吴青泰

7.1 室内设计系统论看教育现状

室内设计系统论认为室内设计教育也要"物学、人学、美学三者并重，科学、文化、艺术和谐统一"，重视系统的整体性和子系统学科的关联与交叉的学习，才能培养出知识结构完整、系统性强的复合型室内设计的高素质人才。

站在室内设计系统论理论的高度，审视室内设计学科教育中存在的问题和自身的知识构成，可以迅速找到自身的不足，建立系统化的设计思维体系。（如图 7-1）在室内设计系统核心要素的研究中，我们发现缺少人学方面的课程，由于人与人个体差异较大，只能讲些共性的知识，所以，如何调整未来室内设计专业的课程才能增加个性体验与感受并建立强大的自我意识，这已经成为每个从事艺术设计教学的老师必须思考的问题。

在人学与美学交叉的方向缺少相关课程和知识体系，所以，本书提出人学要素的九大核心需要，就是从人学与美学交融的角度入手，站在人学的角度研究如何通过室内设计获得室内空间美的体验与视觉美的享受。

在室内设计系统与外部环境系统的关系中，还要增加规划设计、单体建筑设计、建筑景观设计等课程，这样才能帮助初学者从开始学习时就能具有较为开阔的视野和宏观的格局，以期培养出更多的室内设计精英人才。

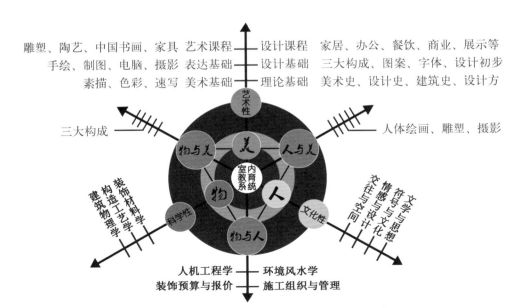

雕塑、陶艺、中国书画、家具　艺术课程 —— 设计课程　家居、办公、餐饮、商业、展示等
手绘、制图、电脑、摄影　表达基础 —— 设计基础　三大构成、图案、字体、设计初步
素描、色彩、速写　美术基础 —— 理论基础　美术史、设计史、建筑史、设计方

图 7-1 室内设计系统论优化室内教育系统的专业课程体系

7.2 室内设计系统论观工程管理

室内设计在作为可以实施的工程问题进行研究时，必须从具体操作层面的因素着手（如经济、时间、技术等），思考如何实现经济效益与社会效率最大化的问题。我们要用室内设计系统论的思想对工程项目中的人、财、物、时四个要素进行系统化管理（图7-2）。人、财、物、时这四个要素的组织与管理越靠近中心O的位置，就说明这四个要素的系统整体性越强，工程组织设计与管理的方案就越科学、系统就越优化、品质也就越高。

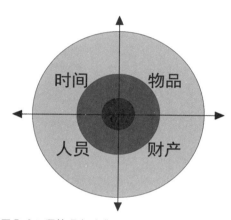

图7-2 工程管理中对"人员、财产、物品、时间"的系统化管理

1．对人员进行科学组织

（1）分配机制：明确工程项目的利润如何科学合理分配的机制。

（2）岗位机制：明确岗位分工与明确对应的权利和责任的机制。

（3）奖惩机制：明确奖励与惩罚的行为界限与执行标准的机制。

（4）检查机制：明确岗位检查位置、时间、人员、标准的机制。

2．对财产进行密切掌控

（1）资金进出：项目独立建账，实行会计、出纳专人负责制度。

（2）资金管理：资金使用负责人审批制度，保障资金周转顺畅。

3．对物品进行严格管理

（1）固定物品：公司的机械设备和固定资产等由专人管理。

（2）消耗物品：建立材料保管库，专人管理各类装修材料。

（3）完成物品：对完成的物品的质量进行检验和成品保护。

4．对时间进行检查监督

（1）施工进度：制定科学的施工组织计划与工期进度表。

（2）日常工作：制定日常人员工作时间表进行绩效考核。

7.3 室内设计系统论的不断完善

随着中国经济的稳步增长，城市化进程的快速发展，室内设计专业教育和行业建设从起步、发展到引导潮流，也就是几十年的事。这说明它是处于上升期的，室内设计行业是一个朝阳行业，它的前景十分美好。但是，从我国的行业现状和教育情况来看，它并不完善而且还有很长的路要走，系统化的理论研究深度还不够，行业标准不规范是当前面临的问题。由于从业人员尚未实行注册管理制度，导致行业进入的技术瓶颈较低，行业管理不规范出现了很多负面的问题，很多设计就是拼图游戏，风格趋同、千人一面、缺乏内涵，更谈不到提高人类生存环境质量的高度。

通过对室内设计系统论的要素和要素关系的研究，我们得出室内设计是复杂的系统和过程。

本书从室内设计理论研究与实践出发，系统地整合了室内设计构思过程中最核心的三个要素：物学、人学和美学；构建了以"物学为基础，人学为根本，美学为关键"的理论框架；提出"物学、人学、美学有机统一，科学、文化、艺术和谐共生"的室内设计行业基本标准；创造出科学性、文化性、艺术性和谐统一的室内设计系统论科学理论体系。

世界上任何一种理论都是用文字描述的一种客观实在，不可能等同于真实的本体。室内设计系统论是对室内设计思维过程的一种理性描述，亦不是室内设计唯一的思路，室内设计系统论的最大价值就是可以帮助每个人理清并构建出属于自己的设计思维体系。

任何事物都是不断发展与变化的，都随着时代的步伐不断前进。室内设计系统论是开放的、发展的，并不断扩充的科学理论体系，必须从最新的科学研究成果和广泛的社会实践中积极吸取营养、不断深入完善、保持与时俱进的先进性，才能让室内设计行业健康、快速和持续的发展。

思考：

1. 站在室内设计系统论的高度，审视室内设计的相关课程，明确每门课程在室内设计系统中的位置及与其他课程知识的联系。

2. 站在室内设计系统论的高度，思考在建筑装饰工程中如何系统化地管理人、财、物、时四个要素？

宇宙

生命

自然

一切都在一个统一运转的系统之中，

一切伟大进步都必须以系统论作为出发点和归属处。

系统论就像一张网，

天网恢恢，疏而不漏。

室内设计系统论就是一张思维导图。

由此，

可以轻松自信地走进室内设计的殿堂。

诚然，

别人把月亮描述的再美丽也并不等于自己真正见到月亮。

室内设计系统论是对室内设计思维过程的描述，却永远无法代替室内设计实践本身。

相信，

就像手指之于月亮一样，

我们顺着书籍和文字指引的方向前进，

很快就能见到九天之上的月亮——室内设计的真相。

借此书出版之际，衷心感谢对《室内设计系统论》给予过默默帮助的所有老师、朋友、学生、家人等。特别感谢中央美术学院张绮曼教授的支持；感谢清华大学美术学院郑曙旸教授的指导；感谢鲁迅美术学院马克辛教授，清华大学博览建筑与展示研究中心郭万新老师，沈阳航空航天大学设计艺术学院闫英林教授，辽宁工业大学艺术设计与建筑学院沈雷教授，华北科技学院建筑工程学院张丽华教授、赵正祥副教授、刘光军副教授；感谢中国建筑装饰协会设计委员会田德昌教授；感谢天津润茂集团冯益军先生，上海风语筑展览有限公司宋华国先生；感谢中国建筑工业出版社的支持；感谢天津大学出版社庞恩昌副教授；感谢庞明老师整体观的启迪。感谢母校辽宁工业大学和沈阳航空航天大学艺术设计学院所有老师的悉心教诲。感激父母的养育之恩，感谢哥哥吴振在身体欠佳的情况下用左手为本书题书名，感谢……

通过本书的抛砖引玉，希望能给大家一些启发和帮助。希望能让更多的人认识到，我们的环境是一个系统、是一个不可分割的整体。也希望有更多的人投入到室内设计系统论的研究中来，为人类环境的和谐与可持续发展添砖加瓦。

吴青泰

写于云泰峰青书斋

2012 年 12 月 12 日

图片索引

[056] 图 3-49 闪电，作者拍摄

[057] 图 3-50 电能的传输，贺鑫绘制

[058] 图 3-51 电能的循环，贺鑫绘制

[059] 图 3-52 电能转换成光能，作者拍摄

[060] 图 3-53 托马斯·阿尔瓦·爱迪生——举世闻名的美国电学家和发明家，百度百科，http://baike.baidu.com/view/69200.htm?fromtitle=%E7%88%B1%E8%BF%AA%E7%94%9F&fromid=124298&type=search

[061] 图 3-54 计算机模拟演示地球的磁场，百度百科,http://baike.baidu.com/subview/351/9581963.htm

[062] 图 3-55 透过铁粉显出磁场线，百度百科 http://baike.baidu.com/subview/351/9581963.htm

[063] 图 3-56 南极北极互相吸引，贺鑫绘制

[064] 图 3-57 太极阴阳图，作者绘制

[065] 图 3-58《周易》——"乾坤谱"中的阴阳对演图，作者绘制

[066] 图 3-59 五行生克关系图，作者绘制

[067] 图 3-60 图 3-61 "虹夕诺雅"京都酒店室外环境，美国《室内设计》中文版，2012.5

[068] 图 3-62 图 3-65 "虹夕诺雅"京都酒店室内、外环境，美国《室内设计》中文版，2012.5

[069] 图 3-66 设计师草图，建筑家安藤忠雄，（日）安藤忠雄著、龙国英译，中信出版社，2011

[070] 图 3-67 平面、剖面与等角图，建筑家安藤忠雄，（日）安藤忠雄著、龙国英译，中信出版社，2011.3

[071] 图 3-68 沿街建筑入口，建筑家安藤忠雄，（日）安藤忠雄著、龙国英译，中信出版社，2011.3

[072] 图 3-69 从一楼看庭院，建筑家安藤忠雄，（日）安藤忠雄著、龙国英译，中信出版社，2011.3

[073] 图 3-70 从楼上俯视天井和走廊，建筑家安藤忠雄，（日）安藤忠雄著、龙国英译，中信出版社，2011.3

[074] 图 3-71 从餐厅平视庭院和门厅，建筑家安藤忠雄，（日）安藤忠雄著、龙国英译，中信出版社，2011.3

第 4 章

[075] 图 4-1 人学要素九种核心需要图谱，作者绘制

[076] 图 4-2 人体工程学研究家具与人的生理需要，《室内设计资料集》，张绮曼、郑曙旸，中国建筑工业出版社，1991.6

[152] 图 5-11 室内庭院，紫藤爬满金属结构，作者拍摄

[153] 图 5-12 荷塘映像——真实的荷花与金鱼在虚幻的建筑投影里共舞，作者拍摄

[154] 图 5-13 灵感源自宋代米芾的山水画，"以壁为纸，以石为绘"，以片式切割的手法堆放出一组立体山水画，作者拍摄

[155] 图 5-14 金属遮阳片和怀旧的木作构架在玻璃屋顶之下被使用，形成丰富通透的效果，张楠拍摄

[156] 图 5-15 光线的层次变化，让人感觉如诗如画，妙不可言，作者拍摄

[157] 图 5-16 苏州博物馆新馆室内借景室外的设计 1，作者拍摄

[158] 图 5-17 苏州博物馆新馆室内借景室外的设计 2，张楠拍摄

[159] 图 5-18 老子，原名李耳，字伯阳，是中国古代伟大的哲学家和思想家，贺鑫绘制

[160] 图 5-19 杨子荣纪念馆平面图，贺鑫绘制

[161] 图 5-20 序厅"白山魂："室内设计，作者绘制

[162] 图 5-21 挺进东北展厅室内设计，作者绘制

[163] 图 5-22 连接序厅与展厅的走廊成为过渡空间，为空间高潮的设计积蓄能量，作者绘制

[164] 图 5-23 林海雪原展厅室内设计，作者绘制

[165] 图 5-24 林海雪原展厅实景照片，惠向东拍摄

[166] 图 5-25 杏树林战斗全景画实景，作者拍摄

[167] 图 5-26 英雄永生展厅实景，惠向东拍摄

[168] 图 5-27 英雄永生展厅实景，作者拍摄

[169] 图 5-28 朗香教堂总平面图，勒·柯布西耶全集第六卷，中国建筑工业出版社，[瑞士]W·博奥席耶 编著，2005.7

[170] 图 5-29 朗香教堂建筑与室内平面图，勒·柯布西耶全集第六卷，中国建筑工业出版社，[瑞士]W·博奥席耶 编著，2005.7

[171] 图 5-30 朗香教堂轴测图，勒·柯布西耶全集第六卷，中国建筑工业出版社，[瑞士]W·博奥席耶 编著，2005.7

[172] 图 5-31 朗香教堂南立面室内立面图，勒·柯布西耶全集第六卷，中国建筑工业出版社，[瑞士]W·博奥席耶 编著，2005.7

[173] 图 5-32 朗香教堂北外立面图，勒·柯布西耶全集第六卷，中国建筑工业出版社，[瑞士]W·博奥席耶 编著，2005.7

[174] 图 5-33 朗香教堂南外立面造型，勒·柯布西耶全集第六卷，中国建筑工业出版社，[瑞士]W·博奥席耶 编著，2005.7

[175] 图 5-34 朗香教堂东南面外观造型，勒·柯布西耶全集第六卷，中国建筑工业出版社，[瑞士]W·博奥席耶 编著，2005.7

[176] 图 5-35 朗香教堂北立面外观造型，勒·柯布西耶全集第六卷，中国建筑工业出版社，[瑞

士]W·博奥席耶 编著，2005.7

[177] 图5-36朗香教堂5-36 东立面室外祭台,勒·柯布西耶全集第六卷,中国建筑工业出版社,[瑞士]W·博奥席耶 编著，2005.7

[178] 图5-37朗香教堂排水口造型,勒·柯布西耶全集第六卷,中国建筑工业出版社,[瑞士]W·博奥席耶 编著，2005.7

[179] 图5-38朗香教堂室内1,勒·柯布西耶全集第六卷,中国建筑工业出版社,[瑞士]W·博奥席耶 编著，2005.7

[180] 图5-39朗香教堂室内2,勒·柯布西耶全集第六卷,中国建筑工业出版社,[瑞士]W·博奥席耶 编著，2005.7

[181] 图5-40朗香教堂室内窗口造型实景,勒·柯布西耶全集第六卷,中国建筑工业出版社,[瑞士]W·博奥席耶 编著，2005.7

[182] 图5-41法国卢浮宫玻璃金字塔地上总平面图,贝聿铭全集,[美]菲利普·朱迪狄欧,[美]珍妮特·亚当斯·斯特朗 著；郑小东，李佳洁 译；[美]林兵 校电子工业出版社,2013.03

[183] 图5-42法国卢浮宫玻璃金字塔金字塔鸟瞰图,贝聿铭全集,[美]菲利普·朱迪狄欧,[美]珍妮特·亚当斯·斯特朗 著；郑小东，李佳洁 译；[美]林兵 校电子工业出版社,2013.03

[184] 图5-43法国卢浮宫玻璃金字塔金字塔轴测图,贝聿铭全集,[美]菲利普·朱迪狄欧,[美]珍妮特·亚当斯·斯特朗 著；郑小东，李佳洁 译；[美]林兵 校电子工业出版社,2013.03

[185] 图5-44法国卢浮宫玻璃金字塔夜景,贝聿铭全集,[美]菲利普·朱迪狄欧,[美]珍妮特·亚当斯·斯特朗 著；郑小东，李佳洁 译；[美]林兵 校电子工业出版社,2013.03

[186] 图5-45法国卢浮宫玻璃金字塔玻璃与金属结构,贝聿铭全集,[美]菲利普·朱迪狄欧,[美]珍妮特·亚当斯·斯特朗 著；郑小东，李佳洁 译；[美]林兵 校电子工业出版社,2013.03

[187] 图5-46法国卢浮宫玻璃金字塔室内空间,贝聿铭全集,[美]菲利普·朱迪狄欧,[美]珍妮特·亚当斯·斯特朗 著；郑小东，李佳洁 译；[美]林兵 校电子工业出版社,2013.03

[188] 图5-47从贝尼尼的雕塑基座望向拿破仑庭院,贝聿铭全集,[美]菲利普·朱迪狄欧,[美]珍妮特·亚当斯·斯特朗 著；郑小东，李佳洁 译；[美]林兵 校电子工业出版社,2013.03

[189] 图5-48法国卢浮宫玻璃金字塔室内展厅1,贝聿铭全集,[美]菲利普·朱迪狄欧,[美]珍妮特·亚当斯·斯特朗 著；郑小东，李佳洁 译；[美]林兵 校电子工业出版社,2013.03

[190] 图5-49法国卢浮宫玻璃金字塔室内展厅2,贝聿铭全集,[美]菲利普·朱迪狄欧,[美]珍妮特·亚当斯·斯特朗 著；郑小东，李佳洁 译；[美]林兵 校电子工业出版社,2013.03

[191] 图5-50法国卢浮宫玻璃金字塔地下一层平面功能分区图,刘洋拍摄

[192] 图5-51法国卢浮宫玻璃金字塔地下大厅旋转楼梯,贝聿铭全集,[美]菲利普·朱迪狄欧,[美]珍妮特·亚当斯·斯特朗 著；郑小东，李佳洁 译；[美]林兵 校电子工业出版社,2013.03

[193] 图 5-52 法国卢浮宫玻璃金字塔室内倒金字塔，贝聿铭全集，[美]菲利普·朱迪狄欧，[美]珍妮特·亚当斯·斯特朗 著；郑小东，李佳洁 译；[美]林兵 校电子工业出版社，2013.03

[194] 图 5-53 法国卢浮宫三宝——爱神维纳斯雕像，贺鑫拍摄

[195] 图 5-54 法国卢浮宫三宝——达·芬奇的蒙娜丽莎画，贺鑫拍摄

[196] 图 5-55 法国卢浮宫三宝——胜利女神像，贺鑫拍摄

[197] 图 5-56 润茂骑士标志设计，王德华绘制

[198] 图 5-57 室内色彩系统配色方案，作者绘制

[199] 图 5-58 平面功能分区图——一层平面图，作者绘制

[200] 图 5-59 平面功能分区图——二层平面图，作者绘制

[201] 图 5-60 展厅室内设计方案 1，苏锦文绘制

[202] 图 5-61 展厅室内设计方案 2，苏锦文绘制

[203] 图 5-62 一楼门厅实景，作者拍摄

[204] 图 5-63 一楼展厅实景，作者拍摄

[205] 图 5-64 二楼前厅实景，作者拍摄

[206] 图 5-65 二楼办公室实景，作者拍摄

[207] 图 5-66 美国纽约 Brio downtown 意大利餐厅 总平面图，美国《室内设计》中文版，2012.5

[208] 图 5-67 Brio downtown 餐厅 透过巨大的窗口，可以看到壮观的建筑以及外面形形色色的行人，美国《室内设计》中文版，2012.5

[209] 图 5-68 美国纽约 Brio downtown 意大利餐厅，室内的餐具、家具及艺术品陈设都精美非凡，美国《室内设计》中文版，2012.5

[210] 图 5-69 美国纽约 Brio downtown 意大利餐厅吧台局部，美国《室内设计》中文版，2012.5

[211] 图 5-70 美国纽约 Brio downtown 意大利餐厅 抛光白酒塔沿着三面的墙壁环绕在餐厅外围，地面由黑色和白色几何形瓷砖组成，每张餐桌配有弯曲椅背的高脚椅，美国《室内设计》中文版，2012.5

[212] 图 5-71Brio downtown 意大利餐厅 威尼斯风格大镜子遍及整个餐厅，美国《室内设计》中文版，2012.5

[213] 图 5-72 光之教堂平面草图，诠释手绘设计表现，马克辛，中国建筑工业出版社，2006.5

[214] 图 5-73 光之教堂鸟瞰，建筑家安藤忠雄，（日）安藤忠雄著、龙国英译，中信出版社，2011.3

[215] 图 5-74 光之教堂外立面，建筑家安藤忠雄，（日）安藤忠雄著、龙国英译，中信出版社，2011.3

[216] 图 5-75 光之教堂空间草图，诠释手绘设计表现，马克辛，中国建筑工业出版社，2006.5

[217] 图 5-76 光之教堂室内照片，建筑家安藤忠雄，（日）安藤忠雄著、龙国英译，中信出版社，2011.3

第 6 章

[245] 图 6-3 快乐要平衡，设计也要要平衡，贺鑫绘制

[246] 图 6-4 海葵和双锯鱼有趣的共生现象，贺鑫绘制

[247] 图 6-5 共生思想就是设计的核心——组合创新，作者拍摄

[248] 图 6-6 泡泡旅行箱——夜间效果，美国《室内设计》中文版，2012.5

[249] 图 6-7 泡泡旅行箱——白天效果，美国《室内设计》中文版，2012.5

[250] 图 6-8 泡泡旅行箱——晴天效果，美国《室内设计》中文版，2012.5

[251] 图 6-9 泡泡旅行箱——雪天效果，美国《室内设计》中文版，2012.5

[252] 图 6-10 泡泡旅行箱——人与大山进行对话，人与自然和谐共生，美国《室内设计》中
文版 2012.5

[253] 图 6-11 泡泡旅行箱——人与大海对话，人和自然建立紧密联系，美国《室内设计》中
文版 2012.5

[254] 图 6-12 天津城市规划展览馆建筑外观，规划馆 3，上海风语筑展览有限公司编，上海
社会科学院出版社，2011.6

[255] 图 6-13 天津城市规划展览馆室内展厅——滨海新区展区，规划馆 3，上海风语筑展览
有限公司编，上海社会科学院出版社，2011.6

[256] 图 6-14 天津城市规划展览馆室内展厅——人性化参观坡道，规划馆 3，上海风语筑展
览有限公司编，上海社会科学院出版社，2011.6

[257] 图 6-15 沈阳城市规划展览馆室内展厅——展览馆总规模型演示中庭，规划馆 3，上海
风语筑展览有限公司编，上海社会科学院出版社，2011.6

[258] 图 6-16 沈阳城市规划展览馆室内展厅——城市记忆展区二，规划馆 3，上海风语筑展
览有限公司编，上海社会科学院出版社，2011.6

[259] 图 6-17 杭州城市规划展览馆室内展厅——展览馆阳光长廊，规划馆 3，上海风语筑展
览有限公司编，上海社会科学院出版社，2011.6

[260] 图 6-18 杭州城市规划展览馆室内展厅——展览馆主模型区，规划馆 3，上海风语筑展
览有限公司编，上海社会科学院出版社，2011.6

[261] 图 6-19 自然形态水分子的微观形态结构，贺鑫绘制

[262] 图 6-20 奥林匹克游泳馆水立方外观，贺鑫绘制

[263] 图 6-21 奥林匹克游泳馆水立方室内，贺鑫绘制

[264] 图 6-22 奥林匹克游泳馆水立方变身成魔幻水世界 1，贺鑫拍摄

[265] 图 6-23 奥林匹克游泳馆水立方变身成魔幻水世界 2，贺鑫绘制

[266] 图 6-24 九龙壁浮雕，作者拍摄

[267] 图 6-25 传统建筑装饰构件，作者拍摄

[268] 图 6-26 龙的传统形象，贺鑫拍摄

[269] 图 6-27 "龙"在天花吊顶灯池的应用，贺鑫绘制

为本书插图提供支持的有鲁迅美术学院的马克辛教授、清华大学的郭万新老师、上海风语筑展览有限公司的宋华国先生，华北科技学院张楠老师，摄影师惠向东等。

本书手绘插图由我的学生协助完成。其中参与绘制的有艺术设计本科 2009 级的贺鑫、景传杰、李婷、张腾睿、高跃和 2010 级的李奕慧等多名同学，苏锦文为电脑制图做出很大贡献。在此，作者向提供插图支持的各位老师、朋友和学生表示感谢！

[1] 杰拉尔德·温伯格，丹妮拉·温伯格．系统设计的一般原理 [M]．张凯，王佳译．北京：清华大学出版社，2004．

[2] L·V·贝塔朗菲．一般系统论 [M]．北京：社会科学文献出版社，1987．

[3] 陈忠，盛毅华．现代系统科学 [M]．上海：上海科学技术文献出版社，2005．

[4] 戚昌滋．现代广义设计科学方法学 [M]．北京：中国建筑工业出版社，1987．

[5] 吴元樑．科学方法论基础 [M]．北京：中国社会科学出版社，2008．

[6] 顾培亮．系统分析与协调 [M]．天津：天津大学出版社，2011．

[7] 自然辩证法讲义 [M]．深圳：人民教育出版社，1979．

[8] 王受之．世界现代设计史 [M]．深圳：新世纪出版社，1995．

[9] 凯文·林奇，加里·海克．总体设计 [M]．北京：中国建筑工业出版社，1999．

[10] 布莱恩·劳森．空间的语言 [M]．北京：中国建筑工业出版社，2003．

[11] 扬·盖尔．交往与空间 [M]．何人可译．北京：中国建筑工业出版社，2002．

[12] 张绮曼，郑曙旸．室内设计资料集 [M]．北京：中国建筑工业出版社，1991．

[13] 郑曙旸．室内设计思维与方法 [M]．北京：中国建筑工业出版社，2012．

[14] 彭一刚．建筑空间组合论 [M]．北京：中国建筑工业出版社，1998．

[15] 吴琼，闫英林．人物纪念馆展陈设计初探 [J]．室内设计与装修 id+c，2006，10（12）．

[16] 王俊凯．中国传统民居中的天井与院落关系之初探．

[17] 美国室内设计中文版 [J].INTERIOR DESIGN．网址：www.id-China.com.cn

[18] 上海风语筑展览有限公司编．规划馆 3 [M]．上海：上海社会科学院出版社，2011．

[19] 马克辛．诠释手绘设计表现 [M]．中国建筑工业出版社，2006.5

[20] （日）安藤忠雄．建筑家安藤忠雄 [M]．龙国英译．北京：中信出版社，2011.3

[21] 阎崇年．大故宫 [M]．北京：长江文艺出版社，2012

[22] 世界室内设计史 [美] 约翰·派尔 [M]．刘先觉等译．北京：中国建筑工业出版社，2003

[23] [瑞士]W·博奥席耶．勒·柯布西耶全集第六卷·1952～1957年 [M]．牛燕芳，程超译．北京：中国建筑工业出版社，2005

[24] [美国]菲利普·朱迪狄欧，[美国]珍妮特·亚当斯·斯特朗．贝聿铭全集 [M]．李佳洁，郑小东译．电子工业出版社，2012

[25] 酒店精品年度精华刊 [J].ISSN 1003-5664

[26] [西] 考斯特．建筑设计师材料语言．金属 [M]．电子工业出版社，2012.6